揭秘军用飞行器

焦国力 著

科学普及出版社

·北 京·

图书在版编目（CIP）数据

揭秘军用飞行器 / 焦国力著 . — 北京：科学普及出版
社，2016.1（2024.8 重印）

（行走的科学故事）

ISBN 978-7-110-09284-2

Ⅰ . ①揭… Ⅱ . ①焦… Ⅲ . ①军用飞机—普及读物

Ⅳ . ① E926.3–49

中国版本图书馆 CIP 数据核字（2015）第 319842 号

责任编辑	韩　颖　李双北	
装帧设计	中文天地	
责任校对	刘洪岩	
责任印制	徐　飞	

出　　版	科学普及出版社	
发　　行	中国科学技术出版社有限公司	
地　　址	北京市海淀区中关村南大街16号	
邮　　编	100081	
发行电话	010-62173865	
传　　真	010-62173081	
网　　址	http://www.cspbooks.com.cn	

开　　本	787mm×1092mm　　1/16	
字　　数	150千字	
印　　张	10.5	
版　　次	2016年6月第1版	
印　　次	2024年8月第2次印刷	
印　　刷	唐山富达印务有限公司	
书　　号	ISBN 978-7-110-09284-2 / E・40	
定　　价	59.80元	

丛书编辑委员会

参与策划单位

目录
CONTENTS

给战斗机"空中加弹"是科学幻想吗

2006 年年末，一家叫作"新科学家"的网站报道了一条引人关注的消息：美国空军纽约研究实验室正在开发一种战斗机"空中加弹"系统，该系统可以像空中加油机给战斗机加油一样给战斗机空中加弹。这条短短一百多字的消息，透露出的具体信息并不多，但它在军事界和军事迷中却引起了不小的波澜。

"这是真的吗？不会是美国正在拍摄的一部大片里面的情节吧？"

对这条消息持肯定态度的人说："虽然报道的内容让人感到扑朔迷离，但这绝不是空穴来风，我们可以从中窥探到 21 世纪航空技术革命的影子。"然而也有人说："这是科学幻想，空中加弹没有必要，也没有可能。"

的确，美国人喜欢违背"常理"，搞出一些别出心裁的东西，美国的好莱坞也常常推波助澜，把这些奇思怪想的东西拍成科幻电影，吸引观众的眼球。这一次，美国人真的又要科幻一把了吗？为了弄清这个问题，我们先来看看美国人是怎样想的——

怎样进行"空中加弹"？

"新科学家"网站并没有详细说明空中加弹的具体方法，只是简单描述说：美国空军实验室计划给补给机的尾部安装一个伸缩吊杆，伸缩吊杆的顶部是一个环状的传送带，炸弹或者导弹可以通过这个传送带向战斗机

MC-130P
多用途空中运输加油机

补充弹药。

这个描述很容易让人们联想到空中加油的情景。空中加油主要是通过加油机对作战飞机进行不落地加油，以增加作战飞机的航程，提高对敌人纵深目标的打击能力。空中加油的最终目的在于延长作战飞机的滞空时间，在不着陆的情况下完成更多的作战任务。空中加油技术的运用改变了以往只通过飞机的载油量、航程来确定其执行任务种类的传统观念，使人们对能够得到空中加油支援的战机作战能力有了新的认识。空中加油分为"软管加油"和"硬管加油"两种加油方式。软管加油系统主要由输油软管卷盘装置、压力供油机构和电控指示装置组成。胶皮软管一般长 16 ～ 30m，外端有加油锥管和伞状锥套。受油机的机头或翼尖上伸出一个固定式或收放式受油管。加油时，加油机首先放出加油软管，受油机从后下方接近加油机，然后慢慢加速，靠这个力量将受油插头插入锥管，顶开加油管末端的单向活门，接受加油。硬管加油系统安装在加油机机身内，加油机的尾部装有一根可以伸缩的半刚性加油管，由主管和套管两部分组成，全长约 14m，伸缩范围约 6m。当受油机飞至加油机后下方适当位置，加油机伸出加油管，插入受油机机头上方的受油口，自动锁定后即开始加油。

显而易见，空中加弹只能采用"硬管加弹"的方式。空中加弹使用的"硬管"就是伸缩吊杆和吊杆顶部的环状传送带。问题是，空中加油时给战斗机加装的是液体，而空中加弹时给战斗机加装的是固体弹药，显然不能生搬硬套"硬管空中加油"的办法。

据说，空中加弹的时候，受补给的战斗机不是飞行在加弹飞机的下面，而是飞行在其上方，这是因为加弹过程中需要通过战斗机的光学传感器感应要输送的弹药是否已经被装载好。也就是说，加弹飞机要利用伸缩吊杆和吊杆顶部的环状传送带将炸弹或导弹"高高地举起来"，让飞行在上方的战斗机加装到自己的机体内。我们不妨想象一下，这样的场面一定惊心动魄，甚至让人觉得不可思议：在高速飞行的飞机上，一个伸缩吊杆可以把

小小知识岛：飞机怎样在空中加油？

我们都见过汽车加油，而要给正在蓝天上飞行的飞机加油，会是一种什么情景呢？人们把空中加油形象地称为"空中哺乳"。

一位美军的随军记者目睹了 F-16 战斗机"空中哺乳"的壮观场面：只见 F-16 飞行员调整好高度，慢慢接近了 KC-135 加油机，进入加油机的尾部下方。这时加油机的尾部伸出了一根细长的加油管，F-16 战斗机上的受油口稳稳地与加油管"对接"。这种"对接"需要勇敢，需要冷静，需要技术。如果 F-16 战斗机稍一抬高机头，或者稍一下降，后果都是十分危险的。空中加油不允许有这些"如果"，因为任何"如果"都会使战斗机遭到毁灭性的打击。

"对接"完毕后，F-16 战斗机座舱里的受油指示灯和 KC-135 的加油指示灯同时亮起，加油作业开始。这一刻加油机和受油机的速度"绝对一致"，高度也固定不变，像是钉在一起似的。有人把空中加油比喻为"蓝天上的芭蕾舞"，这个比喻一点也不过分。

几分钟之后，加油完毕。F-16 战斗机座舱里的指示灯告诉飞行员：可以脱离。

空中加油机就像一个安装了翅膀的巨大油箱，所以有人称它为"飞行油箱"。能不能进行空中加油，已成为当前国内外战斗机先进程度的一个标志。

加弹参考图

导弹举起来，然后送给另一架高速飞行的战斗机，这真是惊险刺激的"空中杂技"。难怪有人说，空中加弹是美国科幻大片里的惊险镜头呢！

我们已经大体上知道了美国人想怎样进行空中加弹，下一个问题就是——

什么飞机能够担任空中加弹机？

有消息透露说：美国空军试验室设想对 C-17 这样的运输机进行改装，使它成为一种可以进行空中加弹的"加弹机"。

C-17 能不能承担这样的任务？我们先来简要看看 C-17 的情况。

C-17 是美国 20 世纪 80 年代提出的八大新技术军用飞机计划之一。C-17 绰号"环球霸王 III"，这个绰号给人一种不可一世的霸道感觉。不过 C-17 的性能倒也配得上"霸王"的绰号，它可以使用反推力装置在 915m 长的简易跑道上着陆，这在世界运输机的大家庭中是首屈一指的。据资料统计，目前世界各地符合这种条件的机场有上万个，这就大大加强了 C-17 运输机部署的机动性。C-17 在满载货物且不进行空中加油的情况下，其航程为 4630 千米。可靠性和易维护性是 C-17 的两个主要特点，可不要小看这两个特性，在执行军用运输任务时，对军用运输机的可靠性

小小知识岛：可以在野战机场降落的 C-17 军用运输机

　　C-17 能够自如地在野战机场上起降，主要是得益于它的发动机有反推力装置。C-17 的发动机外罩为双罩式，内外罩之间有一开口，当飞机需要使用反推力装置的时候，发动机外罩最外一层的滑套向后缩，发动机排出的气体经由这个开口被导向前上方 45°，这样就产生反推力，而且反推力排出的气体不会吹起地面的砂石与尘土，也不会影响卸货及地面机务人员的工作。利用反推力装置，可以让一架满载的 C-17 在 2° 斜坡上后退，并能在 27.5m 宽的道面上完成 180° 的三点转弯。反推力装置在停机坪上也十分有用，它可以使 C-17 在 90m×132m 的停机坪上运动，并在这样大的停机坪上轻松停放 3 架 C-17。

和易维护性有着严苛的要求：美国军方提出军用运输机至少要保证 92% 的可出勤率，每一飞行小时低于 20 人时的地面维护，满负荷任务完成率在 74.7% 以上，部分负荷任务完成率达到 82.5%。C-17 完全能够达到这些要求。C-17 的载运量是 C-130 "大力神"运输机的 4 倍，飞行可靠度高达 99%，任务完成率为 91%，返航后例行检修外的额外检查率为 2%，也就是每 100 架次中只有 2 次，而 C-5 "银河"的检查率为 40%。

C-17A Globemaster III

不仅如此，C-17 的反推力装置特别值得说一说。C-17 的反推力装置可以使气流向上向前喷气，这样就避免了发动机吸入地面沙尘和碎石，以适应前线恶劣场地跑道情况下的起降。C-17 的反向推力装置在飞机静止时也可以启动，使飞机可以在 27.5m 宽的跑道上完成 180° 的转弯，也能在倾斜度低于 2% 的斜坡上后退。

C-17 的主起落架一共有 12 个轮胎，左右各一组，每组 6 个轮胎，前

小小知识岛：飞行员是如何让飞机转弯的？

汽车等陆上交通工具的操控比较容易，利用方向盘控制前轮偏转即可实现转弯。而飞机的运动自由度较大，在空中无依无靠，操控的复杂性和难度要大得多。

飞机的操纵必须通过操纵机构控制三个气动操纵面（升降舵、方向舵和副翼）的偏转来实现。依据空气动力作用原理，三个气动操纵面基本一样，都是改变舵面上的空气动力，产生附加力和相对于飞机重心的操纵力矩，达到改变飞机飞行状态的目的。

飞机转弯主要是通过方向舵和副翼来实现。方向舵是位于垂直尾翼后缘的可动翼面，一般可左右偏转30°。飞行员踩左脚蹬时，传动机构可使方向舵向左偏转。这时正面吹来的气流使方向舵产生一个附加力，方向向右，这个力与重心共同作用产生使飞机向左偏航的力矩，飞机飞行方向向左偏转。同理可操纵飞机向右偏航。

不过仅操纵方向舵只能使飞机侧向滑行，要使飞机转弯，还必须同时操纵副翼。转弯时，飞机必须倾斜，也就是左右主翼一高一低。如果飞行员向左压驾驶杆，左边副翼向上偏，右边副翼向下偏。左副翼上偏使迎角减小，左翼升力降低；右副翼下偏使迎角增大，右翼升力增大。左右机翼产生的升力差相对于飞机纵轴产生一个横滚力矩，进而使飞机向左方倾斜，飞机实现左转弯。反之亦然。

起落架有 2 个轮胎。该机最窄可在 18.3m 宽的跑道上起落，能在 90m × 132m 的停机坪上运动。

C-5A Galaxy

C-17 的飞行机组仅由正、副驾驶员和货物装卸员共 3 人组成，减少了人员数量的要求，同时也降低了长期使用的成本和风险。C-17 的货舱尺寸与外形尺寸同比 C-17 大的 C-5"银河"相当。货舱宽度为 5.49m，其中货舱门部分长 26.82m，高 3.8m。货舱宽度可并列 3 辆吉普车，2 辆卡车或一辆 M1A2 坦克，也可装运 3 架 AH-64"阿帕奇"武装直升机。货舱地板由铝合金纵梁加强，可以承载 55 吨重的 M1 主战坦克，有消息说，62 吨的 M1A2 型主战坦克也可承载。空投能力包括空投 27215 ~ 49895kg 货物，或 102 名全副武装的伞兵和一辆 M1 主战坦克。

看了这样的介绍，谁都不会再继续怀疑 C-17 具备担任空中加弹机的能力。如果从飞机订购的角度看，C-17 也是空中加弹机的最佳选择。2006 年 8 月美国波音公司就传出话来：如果波音公司在短期内得不到美国空军和另一外国空军关于采购 10 架 C-17（大约 20 亿美元）的承诺，波音公司计划关闭 C-17 生产线。就在波音公司放话不久，美国的媒体又收到了这样的信息：目前空军已经有 100 多架 C-17 飞机，美军官员表示至少还需要 42 架，而且美国国会已经同意对 2006 财年防务拨款法案进行修订，不论空军是否需要，强迫空军每年至少采购 6 架新型波音 C-17 飞机。这些 C-17 运输机也许会有一些被改装成为空中加弹机，虽然这只是一种猜测，但是这样的猜测或许是可信的。

加弹机有了着落，剩下的问题是——

🛩 第一种空中受弹机是"猛禽"还是"闪电Ⅱ"?

有了空中加弹机后,哪种飞机会成为受弹机呢?有人说是 F-22,也有人说是 F-35。这两种都是我们十分熟悉的战斗机,这里不作详细介绍。下面我们先来看看这两种战斗机都能携带什么导弹和炸弹,这样也就会明白哪种机型更适合用作受弹机。

F-35"闪电Ⅱ"的武器清单中有:机内挂载 1000 磅(1 磅 =0.4545 千克)GBU-32 和 2000 磅 GBU-31 联合直接攻击弹药,CBU-105 装有传感器引爆武器的风修正布撒器,500 磅 GBU-12"宝石路Ⅱ"激光制导炸弹,滑翔炸弹,AGM-154 联合防区外武器,空战武器有 AIM-120C 先进中距空空导弹和 AIM-132 先进近距空空导弹(ASRAAM)。

在飞机外部可能挂载的武器包括:洛克希德·马丁公司的 AGM-158 联合空对地防区外导弹,MBDA 公司的"风暴之影"巡航导弹和雷声公司的 AIM-9X"响尾蛇"空空导弹。

F-22 的机载武器主要安装在机体内部的武器舱中。F-22 共有 4 个武器舱,其中位于机腹中心线两侧的 2 个武器舱中可以安装垂直弹射发射器,用于发射 AIM-120 导弹,也可以安装 BRU-47/A 挂架,用于投放对地攻击武器。另外 2 个侧武器舱位于发动机进气道外侧与主起落架舱之间,可以安装吊架式发射器。此外,

F-35 外挂点示意图

小小知识岛：战斗机能拦截导弹吗？

空空导弹能够攻击拦截袭来的弹道目标吗？这是大家关心的问题。美军的将领们对这事也没有十分的把握，所以进行了一次试验。

2007年12月3日，美军的一架F-16战斗机从美国空军后备司令部实验中心腾空而起，这架F-16战斗机携带着两枚"超级响尾蛇"空空导弹，悄悄飞临新墨西哥州的白沙导弹靶场附近，它到这里是为了执行一项特殊的任务：攻击一枚上升阶段的探测火箭！

就在这架F-16战斗机到达指定空域之后，美军立即发射了一枚作为试验的探测火箭，它要模拟一枚来袭的敌国弹道导弹。探测火箭升空之后，F-16战斗机的火控雷达立即锁定了目标，并对升空的探测火箭发射了两枚空空导弹。

为什么要发射两枚空空导弹呢？原来，这两枚导弹有着严格的分工。其中一枚空空导弹利用导弹引头上的红外传感器，迅速找到了上升阶段的探空火箭并立即击中了它。另一枚空空导弹沿着同样的轨道伴随飞行，它成功记录了空空导弹击毁探测火箭的全过程。

这是美国首次成功实施空空导弹拦截试验，同时也为美国导弹拦截系统的研发引入了全新概念，也就是要借助战斗机或者无人驾驶飞机发射足够快的导弹，在目标弹道导弹处于发射初期的推进状态时就及时拦截。

F-22的机翼下各有2个外挂点，在执行非隐身任务时可以挂副油箱或是挂载制导武器。

然而，这两种战斗机能够携带的所有弹药并非都可以在空中加弹。尽管空中加弹的弹种没有透露出来，但是我们还是可以从战斗机能够携带的弹药中看出一些端倪来：联合直接攻击弹药是空中加弹的首选，其次是"宝石路Ⅱ"激光制导炸弹。空空导弹是最后选择的弹种，因为挂载空空导弹要比激光制导炸弹复杂得多，它不像空中加油那样只要把油料输入机体内就行了，还需要对导弹进行调试，仅仅将导弹挂载在武器挂架上是不能进行导弹攻击的。

小小知识岛：早期的空中加油

1935 年美国密西西比州的梅里迪安机场，人们隆重地欢迎一架小型的单翼机"罗宾"号在这里着陆。也许有人要说，一架飞机在这里着陆根本不值得如此兴师动众。可是如果你知道了它的飞行记录，一定也会感到惊讶。

这架叫"罗宾"的飞机是在 1935 年 6 月 4 日从梅里迪安机场起飞的。驾驶飞机的是兄弟两人，他们一共在空中连续不停地飞行了 635 小时 34 分。在这 600 多小时中，为了得到燃料、滑油、食品，"罗宾"和一架供给飞机共接触了 400 余次，以不断地进行空中加油。这就是世界上第一次成功的空中加油。

如果以上猜测是对的，那么最先改装成空中受弹机的应该是 F-35 "闪电Ⅱ"，尽管从航程和挂载弹药的数量上，F-35 比 F-22 要弱一些。

空中加弹能实现吗？

要回答空中加弹能不能实现，首先要回答：空中加弹有没有必要。

对空中加弹持肯定态度的人说：对于美军来说，空中加弹是有必要的。以阿富汗战争为例，虽然美军掌握着绝对的制空权、制海权和制信息权，但是美军在中亚地区没有基地，少数答应向美军提供基地的国家又不允许美军将其作为作战基地，美军只能在那些基地派驻搜索救援及后勤保障飞机，最终美国空军仍然要走长途奔袭的老路。由于战斗机携带弹药有数量限制，美军的战斗机不得不陷入"有机没弹"的尴尬境地，这使美军的战机将大量的燃油用于往返基地装载弹药。再来看看美军空袭南联盟的情况：空袭开始时，B-2 轰炸机虽然可以通过空中加油实现长途奔袭，但是 B-2 携带的弹药数量有限，补充弹药时必须返回基地，一次长途奔袭只能进行有限的空袭，空袭效果受到限制。如果空中加弹技术能够成功，美国人将摆脱受制于人的被动局面，可以随心所欲地实施空中打击。

反对者说：这真的是美国人玩的一个噱头，是"逗你玩"，因为空中加弹实在没有必要。战斗机在设计时就已经考虑了所要执行任务和需要携带弹药数量的关系，即使需要补充弹药，也不必要在空中加弹。再说，空中加弹看似和空中加油有些相像，实则相差甚远。就拿 AIM-120 来说，它的重量是 152kg，如果给战斗机空中加装一枚这样的导弹，不仅仅需要把导弹传递给战斗机，还需要把导弹安放在确定的位置，并且和战斗机的火控系统连接起来，这样复杂的过程，仅仅依靠加弹机的伸缩吊杆是无法完成的。"空中加弹是幻想，绝对是幻想！"

细细品味起来，我们不能不说空中加弹真的是有些幻想的味道。但是"幻想是科学的一翼"，科学需要插上幻想的翅膀，任何一项新技术在孕育的时候不都是一种幻想吗？

小小知识岛：飞机能飞多长时间——续航时间

飞行器在不进行空中加油的情况下，耗尽本身所携带的油料，能飞多长时间，这就是这架飞行器的续航时间。续航时间又叫"航时"，是飞行器最重要的性能指标之一。对于战斗机来说，它直接表明战斗机的持久飞行和作战能力。

战斗机为了获得最长的续航时间，常常要精心选择飞行速度、飞行高度、发动机工作状态等，这样战斗机在单位时间内所消耗的燃料最少，续航时间相对更长。

02

F-35 的秘密多

2007 年 12 月 18 日，首架 F-35B 联合攻击战斗机在洛克希德·马丁公司设在得克萨斯州沃斯堡的工厂下线。F-35B 的主要用户——美国海军陆战队的代表、英国和意大利海空军的代表出席了飞机下线仪式。美国海军陆战队司令官詹姆斯·柯维在仪式上发言："全新的航空科技让我们能够拥有一支可以在水面舰艇、前线机场，甚至未开发过的荒地上进行起降作业的航空部队，F-35B 良好的适应性让我们非常惊讶！"

相比它的同门"兄弟"F-35A 的下线，"二弟"F-35B 可谓高调亮相。早在 2007 年 10 月，美军就宣布：年底前 F-35B 即将下线，届时将有隆重的下线仪式。

果然 F-35B 的下线仪式隆重热烈。记者们不断闪烁的照相机闪光灯，仍旧掩盖不住"闪电Ⅱ"闪出的种种光色。

那么，"闪电Ⅱ"到底闪出了什么？我们从 F-35B 的身上能看到一些什么？

闪出"鹞"式战斗机的影子

美国的联合攻击战斗机（Joint Strike Fighter，简称 JSF 计划）提出了模块化的飞机制造概念，即"一种机型三个型别"，也就是 F-35 分为 A、B、C 三型。JSF 计划最大的一个特点就是三种型别拥有良好的通用性，以降低生产和使用成本。F-35B 是短距 / 垂直起降型（STOVL），可以看做是三兄弟中的"二哥"。从通用性的角度看，F-35B 与 F-35A 空军型之间的通用性可达 87%，与未下线的 F-35C 海军型之间的通用性更是达到了 95%。也许有人要问：三种型别都是一个研制计划中的战斗机，而且三者之间又有如此多的通用之处，F-35B 研制的意义究竟在哪里？它与其

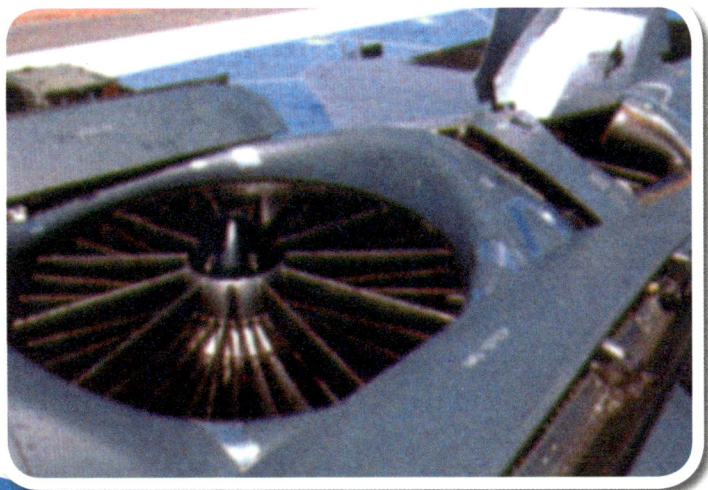

X-35B 机身上部

他两种机型有什么不同?

F-35B与其他两者最大的区别是受到了"鹞"式战斗机的启发而提出的垂直起降方案,而其他两个型别却看不到"鹞"式战斗机的影子。从外形上看,最明显的特点就是F-35B的脊背上面开了一个"大天窗",而其他两种型号却没有。可不要小看这个"大天窗",F-35B能够短距起飞和垂直着陆,没有它的帮助是不行的。其实这个天窗暗示着F-35B拥有一个与众不同的推进系统,那个"大天窗"就是"升力风扇"的进气口。也许有人要说,"鹞"式战斗机没有见到"大天窗"呀!

是的,"鹞"式战斗机的垂直起降方式和F-35B有很大不同。我们知道,英国研制的"鹞"式战斗机是世界上第一种固定翼垂直／短距起落的战斗机,它的背上没有开"天窗",其垂直起降是依靠旋转喷管的作

小小知识岛：飞得最高的空天飞机

2010年4月23日7点52分(美国东部时间4月22日19点52分),美国研制的人类首架太空战斗机的验证机X-37B成功发射升空,阿特拉斯5号火箭执行了此次发射任务。X-37B在战时,有能力对敌国卫星和其他航天器进行军事行动,包括控制、捕获和摧毁敌国航天器,对敌国进行军事侦察等。

X-37B发射后进入地球轨道并在太空遨游,在太空逗留的具体时间尚未确定,X-37B在设计上能够执行最长为期270天的太空任务。结束太空之旅后,X-37B进入自动驾驶模式返回地球,最后在加州范登堡空军基地或者附近备用基地——爱德华兹空军基地着陆。

X-37B空天飞机尺寸大约只有美国现役航天飞机的四分之一,它长约8.8m,翼展约4.6m,起飞重量超过5吨。虽然X-37B仅是一种小型航天飞行器,但它的技术却是美军高级别军事机密之一。

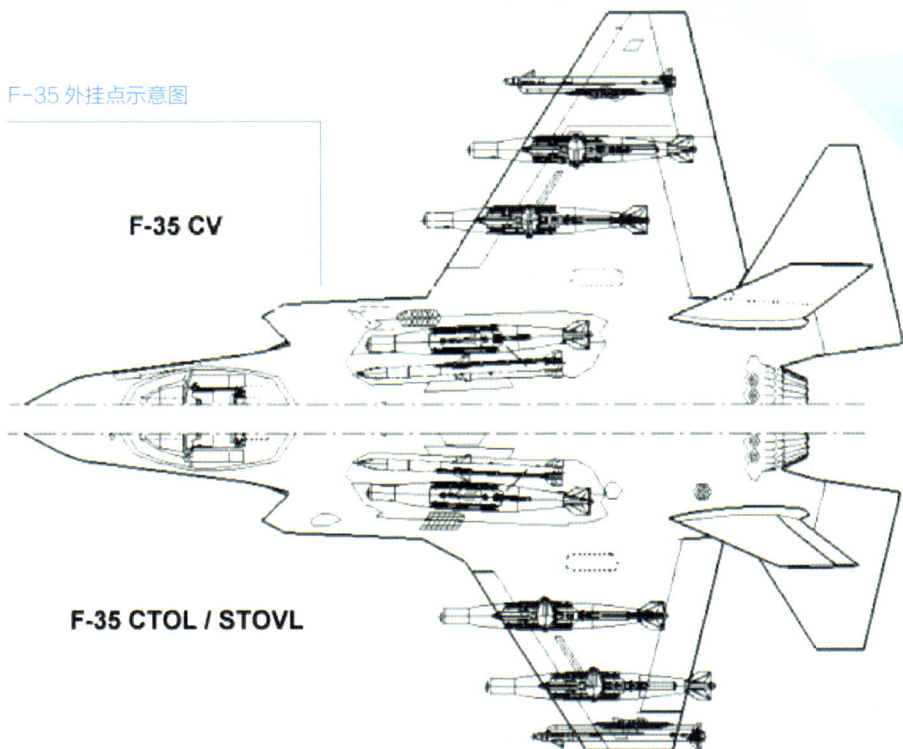

F-35 CV

F-35 CTOL / STOVL

用实现的。"鹞"式战斗机的发动机有两对带有叶栅的旋转喷管，分别喷出风扇气流和燃气流。每个喷管可以向下方旋转98.5°，这样就可以保证战斗机垂直和短距起降。在我国，"鹞"式战斗机曾被翻译为"猎兔狗"战斗机。据说，当时一位英国将军听了"猎兔狗"这个译名颇不以为然，他说：我们英国的狗和其他国家的狗都是一样的，是飞不到天上去的。当然这只不过是一种笑谈。后来我国新闻媒体在谈到这种战斗机时，都改称"鹞"式。

发生在二十几年前的那场战争——英阿马岛之战，人们至今还记忆犹新。在那场战争中，英军出动了数十架"鹞"式和"海鹞"（"海鹞"是"鹞"式战斗机的海军型）垂直／短距起降战斗机，与阿根廷空军展开了大规模的空战。战斗结果显示：阿根廷军队损失的飞机中，有31架是被"鹞"

小小知识岛：飞机是从什么时候开始安装武器的？

飞机诞生之初，并没有装载任何武器。

1914 年 9 月 8 日，俄国的飞行员聂斯切洛夫驾驶着飞机，在空中与一架奥地利侦察机相遇。俄国飞行员向奥地利飞行员开了两枪。这两枪中只有一枪打在了奥地利侦察机的机身上，机身破了一个小洞，丝毫不影响飞机的操纵。俄国飞行员还想射击，手枪却卡壳了。奥地利驾驶员朝俄国飞行员得意地笑了笑，这激怒了俄国人，他驾驶着飞机朝奥地利飞机冲了过去，起落架的轮子一下子撞在了奥地利侦察机的螺旋桨上。奥地利侦察机的发动机突然停止了旋转，飞机向地面坠落下去。

在飞机上安装武器，机枪应该向前射击才是对飞行员最有利的方向，可是飞行员的正前方是飞机的螺旋桨。如何让子弹避开旋转的螺旋桨叶片？

一家飞机制造厂的 3 名工作人员解决了这一难题。他们为飞机制造了一种机枪射速协调装置，它依靠螺旋桨来控制机枪的射击，当桨叶与枪管成一线时，即桨叶挡住枪管时，机枪停止射击。德国人把这种武器装置安装在福克飞机公司生产的飞机上。这种飞机是单翼机，每小时可飞行 130 千米，最高可飞至 3000m 的高空。从这以后，装有机枪射速协调装置的福克飞机在多次空战中取得了胜利，击落了法国、英国等国的多架飞机，使英、法等国在空战中惨遭失败。因而，人们把英、法等国在空战中的失败称为"福克式灾难"。

和"海鹞"击落的，而"鹞"和"海鹞"没有一架被阿方击落或击伤。

使"鹞"式飞机身价倍增的是发生在 1983 年 6 月的一次偶然事故。那天，一架英国的"海鹞"式战斗机从一艘航空母舰的甲板上起飞，进行海上训练。飞行员操纵飞机飞行了一段时间后，突然"海鹞"的无线电通信导航设备出了毛病，与航母失去了联系。眼看"海鹞"的燃料将要耗尽，就在这时，飞行员发现海面上有一艘西班牙货船，他急中生智，决定降落在这艘货船上。一架战斗机要在一艘事先没有任何准备的货船上降落，那是十分困难的。因为货船无法与战斗机通话，战斗机也无法知道货船的速度，因此在这之前"海鹞"从来没有在货船上降落的先例。飞行员机智地用手势与西班牙货船上的船员取得了联系，最后成功地降落在货船的前甲板上。这一成功的降落，使"鹞"式战斗机成为许多国家军方关注的对象，一些国家纷纷向英国订购"鹞"式战斗机。美军也看上了这种战斗机，引进生产了"鹞"式战斗机的改进型 AV-8B 战斗机。这种战斗机还曾经出现在好莱坞的大片《真实的谎言》中。

　　垂直起降是"鹞"式战斗机的优势，但是它的缺点也很明显：航程短，速度慢。而 F-35B 克服了"鹞"式战斗机垂直 / 短距起降飞机航程近、速度慢和起飞重量轻的弱点。作为英国皇家海军未来的舰载机和海军陆战队，AV-8B、F/A-18 两款战斗机的替代机型——F-35B 要将隐身、超声速和短距 / 垂直起降三者结合在一起。从技术上讲，在"闪电Ⅱ"三兄弟中，F-35B 的研制和生产难度无疑是最大的。

1. 雷达罩
2. 主动电扫描多功能雷达
3. 红外传感器
4. 仪表板反光罩
5. 座舱右侧操纵台，油门在左侧，驾驶杆在右侧
6. 马丁·贝克 Mk16 轻型弹射座椅
7. 向前打开的座舱盖
8. 前轮
9. 超音速进气口
10. 全复合材料进气道
11. 二级正反转升力风扇
12. 升力风扇喷口，偏转角从向前15°到向后30°
13. 升力风扇双叶舱盖
14. 升力风扇进气口
15. 各型通用系统
16. 主武器舱，左右各一个
17. 主武器舱门
18. AIM-120 中程空空导弹
19. GBU-30 454kg JDAM 炸弹
20. AIM-132 先进近程格斗空空导弹
21. 编队结灯
22. 升力风扇传动轴
23. 辅助进气口
24. 辅助进气口舱门
25. F119-611 发动机
26. 主起落架
27. 主起落架舱
28. 天线
29. 前缘襟翼
30. 前缘襟翼旋转作动筒及传动轴
31. 前缘襟翼操纵动力源
32. 外挂架加强连接点
33. 外挂架加强翼肋
34. 机翼整体油箱
35. 航行灯
36. 襟副翼
37. 襟副翼结构
38. 襟副翼作动筒
39. 横滚控制管道
40. 横滚控制喷口（固定 87°喷流角 4°）
41. 加力燃烧室
42. 三轴承支撑推力矢量喷管，可向前下方偏转 95°；垂直起降时，可水平偏转 ±10°
43. 低可探测性轴对称喷口
44. 可收放空中加油管
45. 方向舵作动筒
46. 低可探测性机体
47. 多梁、助式垂尾结构
48. 铝合金蜂窝结构垂尾前缘
49. 方向舵
50. 全动水平尾翼
51. 水平尾翼作动筒
52. 垂尾
53. 水平尾翼结构
54. 铝合金蜂窝结构水平尾翼前缘、后缘

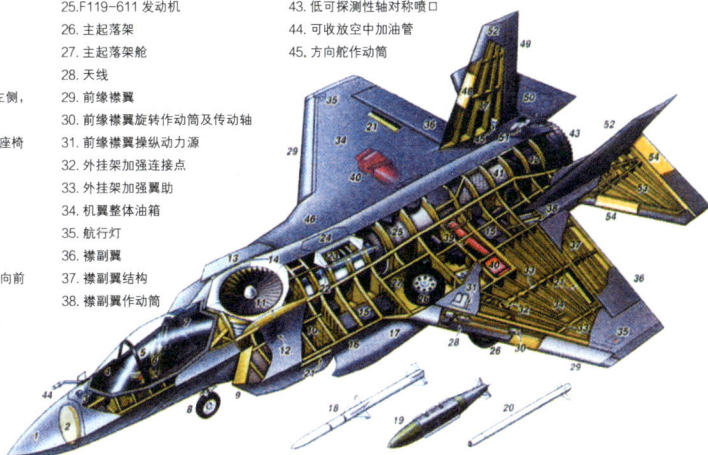

X-35 内部结构图

鹞 GR9 战斗机

小小知识岛：航空母舰有哪些种类？

航空母舰的种类很多，其分类方法主要有以下几种：

按所担负的任务分，有攻击航空母舰、反潜航空母舰、护航航空母舰和多用途航空母舰。攻击型航空母舰主要载有战斗机和攻击机，反潜航空母舰载有反潜直升机，多用途航空母舰既载有直升机，又载有战斗机和攻击机。

按满载排水量大小可分为大型航母（排水量 6 万吨级以上）、中型航母（排水量 3 ~ 6 万吨）和小型航母（排水量 3 万吨以下）。其中排水量 9 万吨级以上的核动力航母称为超级航空母舰。

按舰载机性能分，有固定翼飞机航空母舰和直升机航空母舰，前者可以搭乘和起降包括使用传统起降方式的固定翼飞机和直升机在内的各种飞机，而后者则只能起降直升机或是可以垂直起降的固定翼飞机。

按动力装置可分为核动力航空母舰和常规动力航空母舰。核动力航空母舰以核反应堆为动力装置。

此外，一些国家的海军还有一种外观与航空母舰类似的舰船，称作"两栖攻击舰"，也能搭乘和起降军用直升机或是可垂直起降的固定翼机。

小小知识岛：为什么战斗机能在航空母舰上降落？

　　战斗机的飞行速度很高，它在降落的时候需要长长的跑道才能安全着陆。可是有时候战斗机需要在航空母舰上降落，航空母舰没有陆地上那样长的跑道怎么办？高速飞行的战斗机能在航空母舰上降落吗？

　　回答是肯定的，原理也很简单，就是航空母舰安装了拦阻索，拦阻索可以拉住飞机，使飞机的滑行速度在短时间内从 200 ~ 300km/h 降至零。原理虽然很简单，但结果令人满意。

　　拦阻索会不会把飞机拉断呢？不会。现代航空母舰一般在距离飞机着舰区（斜角甲板）尾端60m处起，设置 3 ~ 6根粗钢索，各条钢索相隔14m左右，钢索的两端通过滑轮与甲板下的两个液压阻尼缓冲器相连。缓冲器又叫能量吸收器，这种装置可以在短时间内将拦阻索传来的着舰飞机的动能吸收掉，而不会损坏飞机。

　　舰载战斗机在降落前，要先放下起落架和位于机身尾部的着陆钩，着舰时，用尾钩钩挂住横置于甲板上的拦阻索，飞机着舰前，拦阻钢索被顶起一定的高度，整个拦阻装置处于准备状态。舰载机"落地"后，在向前滑跑的过程中，只要其尾钩能钩挂住横在甲板上的几道拦阻索中的一根，速度便立即减小，在 70 ~ 100m 的距离内停下来。短短的 2秒钟内，战斗机的着舰速度能从 170 ~ 240km/h 降至零。

✈ 闪出了一个"智慧的心脏"

　　我们看到 F-35B 安装了一个升力风扇，它背部的"大天窗"就是升力风扇的进气口。那么，F-35B 依靠这一个升力风扇就可以垂直起降吗？也不完全是这样，F-35B 不仅发动机提供了比"鹞"式更强大的动力，而且其机体内安装的更是一套前所未有的轴驱动式升力风扇系统，即从主发动机的中心伸出一根传动轴，带动置于前机身的升力风扇工作。位于尾部的三元矢量喷口的偏转范围为 0° ~ 95°，而升力风扇的排气口也可以在向前 15° 至向后 30° 之间的范围转动。短距起飞和垂直降落时，主发动机通过离合器和传动轴驱使升力风扇高速转动产生升力，主翼翼尖等处的控制喷嘴在计算机的控制下调节飞机的平衡。与此同时，尾喷口也进行偏转，与前方协调地向下方或后下方排气，推动飞机上升和前进。飞机转至水平飞行时，连接轴断开，升力风扇关闭，尾喷口转向后方，推动飞机加速飞行。

为了吸进足够的空气进行垂直飞行，"鹞"式战斗机有两个巨大的进气道凸出在飞机的两侧，很难使飞机超音速。F-35B 进气道较小，可以在超音速情况下轻松使用，而且当机身背部的进气口打开时，可以吸入周

小小知识岛：战斗机的尾喷口都是圆的吗？

大多数战斗机的尾喷口都是圆形的，你看，F-16 战斗机的进气道在机腹下面，它的尾喷口只有一个。瑞典的战斗机 JAS39 "鹰狮"，采用机身两侧进气，它的尾喷口也是圆形的。幻影 2000 战斗机是世界上十分出名的战斗机，它的进气道在机身两侧，可是尾喷口却只有一个。

战斗机的尾喷口并不一定都是圆形的，你看这架战斗机的尾喷口就是长方形的，它为什么采用这种形状的尾喷口呢？原因在于这个长方形尾喷口的上下两条边是可以上下活动的，这种尾喷口叫做"矢量推力喷口"。一般战斗机的尾喷口都是向后排气的，矢量推力喷口可以向上或向下偏转 20°，采用这种尾喷口的战斗机是 F-15S/MTD。使用这样的尾喷口可以减小起飞和降落的滑跑距离，当这种战斗机的尾喷口关闭，本来通过尾喷口排出的气体就要向前排出，这样就可以迅速减小着陆速度。据说由于采用了这样的尾喷口，F-15S/MTD 只要 416m 就可以完成短距降落，而相比之下 F-15 战斗机完成同样的降落则需要 2000m 多的跑道。

围的空气，当气流流过机身时，可以用升力风扇对它加速，从而得到悬停飞行所需的气流。由周围空气所形成的这股向下气流能够完全挡住向前的热气流。

据资料介绍，F-35B 的发动机可以产生 182KN 的动力，是"鹞"式战斗机的 1.9 倍。更为奇妙的是，F-35B 在空中进行盘旋飞行的时候，发动机的动力全部向下引导，配合升力风扇的升力，可以使 F-35B 轻松自如地在空中悬停。有人说 F-35B 的发动机是一种智能型的发动机，这话很形象地说出了它的特点。"鹞"式战斗机的发动机能够更换的部件很少，而 F-35B 发动机的大部分零部件可以随易更换，更换时间一般不超过20min。F-35B 发动机完全由飞机上的计算机管理系统来管理，计算机能够检测发动机的故障。更让人惊奇的是，这个计算机管理系统甚至可以在发动机发生问题之前感受到故障，并能自动补偿受损的电子部件，使发动机继续工作。当故障发生时，发动机管理系统会自动向指挥基地报告故障情况，以利于基地维修人员在飞机着陆后迅速抢修。

F-35B 目前刚刚下线，它的飞行性能到底如何，还有待进一步检验，不过据参加原型机试飞的飞行员说，F-35B 与"鹞"式战斗机有天壤之别。驾驶"鹞"式战斗机需要飞行员高度集中精力去逐个完成多道操作程序，从操纵方向舵、踏板、操纵杆、节流阀到喷嘴角度控制等复杂操作，费神费力。而飞行员在驾驶 F-35B 原型机时就觉得异常轻松，飞行员只要把飞机目的地告诉飞行控制计算机系统，这个系统就会很快拿出产生推力的方案，自动调整推力喷管角度和控制飞行动力，飞行员只要根据显示屏的显示要求，按几个按钮就能驾驭 F-35B 垂直起降或高速平飞了。

✈ 闪出了更明亮的"眼睛"

F-35B 的"眼睛"是它的雷达系统，这个系统叫做多功能综合射频系

车间里的 F-35B

统（MIRFS）。它是建立在 APG-81 AESA 雷达基础上的一个功能广泛的系统。AN/APG-81 是有源相控阵雷达，它不仅能够提供雷达的各种工作方式，还具有有源干扰、无源接收、电子通信等能力。多功能综合射频系统的频带要比一般机载雷达宽得多，能够以各种不同的脉冲波形工作，保证了雷达信号的低截获概率。

　　F-35B 的"眼睛"具有空对地功能，可以进行合成孔径雷达状态的高分辨率地图测绘，也可以采用逆合成孔径雷达技术对海上舰船进行识别分类。在空对空工作方式下，雷达可以实现对指定空域的提示搜索、无源搜索和超视距、多目标的搜索和跟踪。由于雷达波束从一点到另外一点的移动只需若干微秒的时间，所以雷达可以在一秒时间内对同一目标观察多达 15 次。

　　和 F-22 装备的雷达相比，F-35 的多功能综合射频系统在技术上有了很大的改进。但是由于阵面尺寸较小，阵元数目有所减少，因此在作用距离上只有 F-22 雷达的 2/3。不过，让 F-35B 略感宽慰的是，多功能综合射频系统的雷达（APG-81）在成本和重量上都只是 F-22 的一半。雷达系统的预期寿命达 8000h，和战斗机的寿命基本一致。

说到这里，读者也许会明白 F-35B 高调亮相的原委了：F-35 "闪电 II" 战斗机是 20 世纪最后一种战斗机，也是 21 世纪第一种战斗机。F-35B 是 "闪电 II" 兄弟中最为独特的一个，它的出现将会打破留在人们脑海里 "隐身战斗机昂贵" 的阴影，也给正在研制开发短距起降（舰载机）的国家提供了一个很好的思路：一机多型，模块化，通用化也许就是 21 世纪战斗机发展的道路。

小小知识岛：怎样防止舰载战斗机掉入大海？

如果舰载机在着舰过程中，因落点不准等原因，尾钩没有钩住钢索，这该怎么办呢？为防止战斗机掉入大海，飞行员必须在着舰引导官的指挥下，果断地进行复飞。现代超声速舰载机对喷气式发动机的加速性要求非常严格：必须在 4s 左右的时间内，由中等推力加速到起飞推力。为保险起见，一般规定下滑着舰的飞机发动机功率要设置在军用功率的 85%~90%，并在 "落地" 前将油门一推到底。因此，舰载机的 "接地" 速度要比同型的陆基飞机大得多。

当舰载战斗机飞行员感觉到着舰后的前进速度迅速降低，确认飞机的尾钩已挂住拦阻索，便可将发动机油门收回，然后关车，战斗机就会安全地停在甲板上。

小小知识岛：舰载战斗机出现意外怎么办？

如果战斗机出现油料不够、发动机或机载系统出现故障、尾钩放不下来或受到损伤、某一起落架放不下来等问题，能不能在航空母舰上降落呢？

当意外发生后，舰载机飞行员需立即与航母上的飞行控制官、着舰引导官取得联系，报告飞机的故障情况，听取他们的指示。若通过空中加油等方式，飞机仍无法抵达最近的陆地机场实施紧急降落或迫降，那么，为确保舰载机飞行员的生命安全，可采用另外一个应急的办法——拦阻迫降。

03

"夜鹰"退役之谜

有人说，F-117是20世纪的战斗机，它不属于21世纪，F-117的退役是不可避免的。或许你不会同意这样的说法，但是，当你了解了F-117是怎样诞生的，你就不会对它的退役感到奇怪了。

假如有人告诉你，F-117"夜鹰"隐身战斗机是用其他战斗机拼装起来的，你一定不会相信。不过，"夜鹰"的确有很多地方是采用"拿来主义"，用其他战斗机的零部件拼装起来的。

我们现在就来看看"夜鹰"是怎样拼装的吧。

不断改进，七拼八凑很快落后

"夜鹰"的外形是独一无二的，可是它的很多零部件都是使用别的战斗机的。比如，F-117的发动机就不是专门设计的，它的发动机最早是使用F/A-18"大黄蜂"的发动机，后期逐渐换装推力更大的F-412涡扇发动机。然而换装的发动机也不是特意为F-117设计的，F-412发动机原本是给A-12隐身攻击机使用的，但A-12计划已取消。更换"心脏"之后，F-117的推力加大了，速度也增大至接近音速。据说美国有一些航空爱好者曾测量到后期的F-117速度已经略超过音速。

　　"夜鹰"的起落架也不是自己的，设计师把F-15"鹰"的起落架直接拼装到了F-117的身上，作为F-117的主起落架，前起落架的支柱是A-10攻击机的。看来，这个"拼装"还是很成功的，F-15的起落架经受住了考验。

　　不但F-117的起落架等硬件是"拼装"的，就连飞行控制计算机也

F-117的主起落架借自F-15战斗机

F-117 的起落架都不是专门设计的

不是专门为 F-117 研制的，F-117 的设计师们干脆把 F-16A/B "战隼" 的飞行控制计算机原封不动地拿了过来，而四余度电传操纵系统是从机头的 4 个全方位空速管获得数据也是 F-16 的。不仅如此，F-117 座舱里的很多设备都是别人的东西，F/A-18 战斗机的平视显示器和多功能显示器也被拼装到了 F-117 的座舱里。当时，F-117 的设计师们还考察论证了所有军用飞机的飞机导航系统，发现 B-52 轰炸机的导航系统比较

小小知识岛：什么是飞机的电传操纵系统？

电传操纵系统是指把飞行员的操纵指令变换为电信号以操纵飞机的系统。它由侧杆（微型驾驶杆）、敏感元件、计算机、伺服机构和助力器等组成。电传操纵系统不是简单地用电信号的传递来代替机械传动，而是把主操纵系统和自动控制系统结合起来，所以又称为电子飞行控制系统。

电传操纵系统的优点是结构简单，体积重量小，易于安装和维护；操纵灵敏度高，无滞后现象；便于和机上其他系统交联，为实现主动控制技术提供了基本条件。20 世纪 80 年代以来，飞机的电传操作系统已经由模拟式系统向数字式系统转变，并出现用光导纤维传递信号代替电传系统的趋势。但是，电传操纵系统的可靠性和抗干扰能力还有待提高。所以，电传操纵系统的设计要经过严格仔细的验证。国际经验表明，使用电传操纵可能带来飞行员飞机耦合诱发振荡的隐患，因此必须通过多次试飞，才能真正找出隐患所在并加以解决，以更好地使用电传操纵系统。

完善可靠，干脆一不做二不休，把 B-52 的飞行导航系统拼装到了 F-117
的身上，还把 B-52 轰炸机装备的环控系统、通信及导航设备、液压附件
和 ACES Ⅱ 座椅等一股脑都搬到了 F-117 上。这样一算，在 F-117 的
身上可以看到 F-15、F-16、F/A-18 的影子。这真的是名副其实的"拼
装"。

　　设计师们这样做的目的只有一个，那就是降低成本和研制风险，让
F-117 早日出世。

　　当然飞机设计师们也并不是故步自封、裹足不前，他们知道如此拼装
不能长久，更知道与时俱进的道理。在 F-117 诞生之后，飞机设计师们就
开始对 F-117 进行不断地改进。1984 年，洛克希德公司开始了对 F-117
的第一阶段的改进工作，他们使用 IBM 公司的 AP-102 取代了台尔柯公
司的 M362F 计算机。紧接着进行了第二阶段的改进工作，对 F-117 的
座舱进行了改进，加装了霍尼韦尔公司的多功能显示器、三维飞控管理
系统和活动地图等。改进后的 F-117 参加了海湾战争，显现了不错的作
战效果。

F-117 采用四余度电传操纵系统，4 台飞行计算机分别从机头的空速管中取得飞行数据，因而有
四个相同的空速管。注意空速管也设计成了菱形。

小小知识岛：为什么有些军用的战机可以隐身？

人类在许多年前就幻想着能够"隐身遁形"。大自然中的许多动物和植物为了保护自己经常采用隐身的办法。比如，蝴蝶翅膀上的花纹与花丛中的鲜花十分相像，所以蝴蝶飞落在花丛中，人们就很难发现它的存在。

20世纪50年代，美军开始尝试在U-2侦察机上使用隐身技术。U-2是较早使用吸收雷达波涂料的军用飞机。1974年，美军的B-1A战略轰炸机是最早尝试采用隐身技术提高飞机突防能力的轰炸机。后来研制的B-1B轰炸机的隐身能力得到进一步加强。

飞机隐身的目的是不易被敌方雷达、红外等探测装置发现。雷达隐身的主要技术措施可用两个字概括：吸、散。吸就是在飞机表面采用特殊吸波材料和涂层，将雷达波尽可能多地吸收，减少反射率；散就是通过适当的外形设计和布局安排，使反射雷达信号尽可能地弱，并避免集中于雷达方向。

飞机尾部装有隐蔽红外线特征的设备，这些设备可以减少发动机喷口的热源，以躲避敌方红外线的探测装置。这是飞机的隐身办法之一。

隐身轰炸机和隐身战斗机的所有武器都隐藏在机身内，机身内装有与武器相匹配的旋转式发射器。机身的外部没有任何武器挂架，这样既可以减少飞机的阻力，又可以有效地躲避雷达探测。这是隐身的办法之二。

隐身飞机上的那层灰黑色的涂层是一种雷达波吸收物质，雷达波照射之后不再反射回去，雷达也就无法发现隐身飞机。这是隐身的办法之三。

另外，喷气式飞机在飞行中会产生白白的凝结尾迹，这会暴露飞行的航迹。而隐身飞机绝不会出现凝结尾迹，因为它采用了燃料添加剂和飞机尾部导流系统，将冷空气与发动机排出的热气混合在一起，消除凝结尾迹的形成。这是隐身的办法之四。

目前飞机的隐身技术还在不断发展，隐身飞机的隐身招数也在不断变化。

第三阶段的改进工作是从海湾战争之后开始的，洛克希德公司瞄准了战争的需求，对F-117的电子和火控系统进行了较大改进，在机上安装了新的远红外捕获与指示系统，还安装了霍尼韦尔公司的环形激光陀螺惯导系统和柯林斯公司的 GPS 系统。改进后的 F-117 于 1992 年试飞,结果表明 F-117 的性能明显提高。

至今为止,F-117 被改进的航空电子系统有:采用新的武器系统计算分系统和霍尼韦尔公司的能显示综合数字式地图的彩色多功能显示器,以提高攻击能力;用新的环形激光陀螺和全球定位系统取代已不再生产的主惯导系统,改装后在不影响系统精度的前提下可以提高平均故障间隔时间和降低维护费用;增加自动油门装置,以提供到达目标上空的精确时间;改进任务计划系统,以便更加灵活地适应战斗任务的临时改变;增加全天候能力等。海湾战争爆发后,装有两种不同的武器投放计算机的 F-117A 战斗机都参加了作战。据说,改进型的飞机能在目标上空一次投放两颗炸弹。

尽管这些拼装的系统在 F-117 的身体里有很多,但是后来 F-117 都很适应这些部件,没有出现"排异反应"。

小小知识岛:安装了陀螺稳定装置的导弹

一切旋转的物体都有保持旋转轴不变的特性;在一个光滑的桌面上,用手指弹转一枚硬币,可以观察到这个特性;自行车只有轮子转起来,才能稳定地前进。而陀螺仪的设计灵感正是来源于玩具陀螺。AIM9"响尾蛇"空空导弹就是一种安装了陀螺仪的导弹,陀螺仪轴稳定地指向一个方向引导导弹击中目标。

"响尾蛇"也是世界上第一种红外制导空空导弹。在英阿马岛战争中,英国的"海鹞"战斗机使用 AIM9L 导弹与阿根廷的"幻影"战斗机作战,一共发射的 27 枚导弹中有 24 枚命中了目标。

独门秘技，问题多多疲于应付

实事求是地说，F-117 身上的大部分零部件都是自己独创的设计，它那奇特的外形，它的座舱，它的垂尾，都是自己独有的，这可以看做是它的"独门秘技"。但是，这样的"独门秘技"并非无懈可击，反倒是问题层出不穷。

先来说说它的尾部：F-117 的尾段机身呈收缩状，形成一个扁平的 V 形机尾，到了末端，上下机身分开了一道扁平的矩形缺口，这就是呈鸭嘴兽嘴巴形状的窄缝发动机喷口。它有 1.65m 长，0.10m 高，下唇口较长，上面贴有航天飞机使用的防热瓦，喷口内有垂直的导流片。下边缘有向后上方翘起的斜板，减弱了机尾后的雷达反射，对红外辐射也有遮挡作用。通过与冷空气的充分混合，排气温度仅有 66℃，大大提高了红外隐身效果。收紧的尾段机身与喷嘴是为了减少后方的雷达波反射，同时也使引擎排出的热气能迅速与大气混合降低温度，减少红外线的产生。收缩状的排气系统的制造过程非常复杂，采用了钛、陶瓷与石英的合金。选用陶瓷作

机腹下的一瞥，可以看到右侧的航行灯（作战时应该可以拆掉），左侧有个多角形突起，用以容纳主轮。

为用料是为了减少热辐射的产生，但是如果只使用陶瓷材料也会有严重的问题——由发动机推力所传来的震动使得陶瓷材料出现老化，因此加上石英增强抗震能力。这样的设计虽然有隐身效果，但是V型

进气口处的栅格，防止雷达波进入进气道。

全动式尾翼容易因震动而老化脱落，因此后来采用了石墨制成的尾翼。

F-117的驾驶舱是一个很独特的设计，风挡采用了类似斗篷般的形状。但是这个设计并不好，因为虽然这使F-117具有隐身能力，但飞行员在向下、向后与上方的视野非常窄小。飞行员是透过5片玻璃（1片在前方、左右各2片）观察外面的情况，上方全被座舱的支架所遮蔽了，所

小小知识岛：战斗机外形怎样隐身？

尽量使飞机外表呈平滑过渡，减少垂直相交面，机翼与机身融为一体；尽量去掉外挂的武器、副油箱、发动机吊舱，将它们装在机身内；采用多面体外形设计，让雷达波沿几个特定的非雷达方向反射；发动机的进气道和尾喷管尽量遮挡住，并用特殊形状减少雷达波反射；尽量缩小垂尾面积，或采用两个倾斜的垂尾；机翼、尾翼前后缘应平行，使雷达波向少数几个特定方向反射，这些方向应是雷达的盲区。在红外隐身方面，尽量减少气动热和发动机排热，增强红外隐身效果；如在燃油中增加特殊添加物，使排气中的红外辐射减弱；燃油充分燃烧，减少红外喷泄和"拉烟"现象；同时，还可以采用异形喷管改变红外波长，使红外探测器失效。

锯齿形的座舱盖

以飞行员向上的视野几乎等于零。这个独特的设计使得 F-117 驾驶员在进行空中加油时极为困难。我们知道，空中加油时，加油机与受油机联结的操作完全由加油机的机尾操作员控制加油臂来进行，飞行员所要做的就是稳定好飞机，但是飞行员仍然要靠自己操纵飞机接近加油臂才行。因为 F-117 的空中加油口就在飞行员头部的正后上方，当加油机的输油臂接近 F-117 时，飞行员无法知道受油口确切的位置。你可以想象，这样的空中加油会有多么危险。特别值得一提的是，F-117 的 5 块风挡玻璃全部镀上了一层金，这样做是为了有效地散射和反射雷达波，达到隐身的效果。

F-117 的机身是一个两端削尖的飞行角锥体，机身框架上覆盖有平板形蒙皮，光滑融合过渡，可将雷达波束反射到远离发射源的地方，尤其能有效地对付空中预警机的下视雷达。机身上所有的舱门和口盖都有锯齿状边缘以减少雷达反射。机尾装有黑色阻力伞。F-117 采用双梁式下单翼，由下表面和上表面的三个平面构成，机翼下表面前部与前机身融合。后掠角 67.5°，菱形翼剖面，这种机翼的形状主要是超音速导弹使用，远大于亚音速性能所要求的后掠角，F-117采用这一翼形主要是为了将前方的雷达波反射到接收不到的地方。机翼有两块副翼，与全动尾翼一起来操纵稳定飞机。然而这种机翼也出现了问题：在1997年的一次航展上，一架F-117在为现场观众进行飞行表演时，爬升状态的F-117左翼突然整片脱落，飞机立刻陷入螺旋下坠而无法控制，随即坠毁在巴尔的摩市郊区。事后查明，左机翼与主机身结构联结的地方出了问题，在机翼与机身大梁上的39个接合处少了4颗铆钉，当飞行员做大角度爬升时结构承受不住而导致左主翼脱离。庆幸的是，飞行员弹射成功，只受到了一点轻伤。而这4个铆钉葬送了一架F-117，这个代价太大了。

为了隐身的需要，F-117不安装机载雷达，因为任何雷达波的发射都有可能暴露其位置。那么F-117的导航、武器的瞄准等又是依靠什么？答案是前视红外线瞄准具和俯视红外线瞄准具。这两种光学传感器都安装在驾驶舱前方一个巨大的仪器舱里，其中前视红外线瞄准具透过驾驶舱风挡前的一片玻璃露出镜头，当不使用时则向后旋转180°，这样可以保护敏感的镜头。俯视红外线瞄准具紧贴在前视红外线瞄准具下方，传感器镜头靠近鼻轮舱盖的右边。前视红外线瞄准具的功用主要在于夜间飞行与确认目标，俯视红外线瞄准具则用来攻击已经经过认证的目标，它另外有一个

小小知识岛：飞机上升有多快——爬升率

爬升率又叫爬升速度、上升率，指飞行器在单位时间内上升的高度，它的计量单位是m/s，爬升率是战斗机的重要性能指标之一。

战斗机的爬升率与飞行高度有密切关系，当战斗机的飞行高度达到升限的时候，爬升率就是零。

锯齿状的座舱盖

激光目标定位器，可发射一束激光指引激光制导炸弹进行攻击。惯性导航系统提供了飞机的当前位置与目标相对的距离和方位，飞行员可利用惯性导航系统进行自动飞行，在靠近目标后再用前视红外线瞄准具确认。

风光不再，"夜鹰"就要进"坟场"

2005 年 12 月，美国国防部发布文件称计划从 2008 年开始提前退役 F-117 隐身战斗机，以节省经费，以便美空军为其钟爱的 F-22 "猛禽"战斗机项目申请更多经费创造条件。据报道，这份仅 14 页的预算文件主要规划美军 2007—2011 年重大装备的经费项目。美空军的 F-117 隐身战斗机将从 2008 年开始逐步退出服役，比原计划的 2011 年提前了 3 年。此外，美空军的 U-2 高空战略侦察机将在 2011 年前分阶段全部退役。文件还要求削减 B-52 战略轰炸机的装备数量，计划从 94 架削减到 56 架。退役和削减这三种机型能为美空军节省 151 亿美元，再加上列入削减名单的 C-21 运输机等其他飞机，美军可以通过削减战机数目节省 164 亿美元。在削减这些有过辉煌历史的战机的同时，美军也表现出了对新生代战机的青睐。预算文件同意为美空军的 F-22 "猛禽"隐身战斗机项目再投入 10 亿美元，以采购 4 架该型战斗机，使其装备总数从原先的 179 架增加到 183 架。至于为什么要淘汰 F-117，美空军这样解释：F-117 虽名为战斗机，但其毫不具备空战能力，充其量也就是一个轻型轰炸机。F-22 的隐身性能是 F-117 的 2 倍，生存能力比目前的常规飞机提高 18 倍，作战效能是 F-15 战斗机的 3 倍。这意味着 F-117 所能执行的任务 F-22 可以全部替代。另一方面，F-117 作为第一代隐身战斗机，美军在开始研制时就把它定义为隐身作战的初步尝试，并没有赋予它更多的使命。F-117 开辟了隐身战斗机的先河，领导世界军事进入了隐身时代，它已经光荣地完成了使命。随着新一代隐身战斗机相继问世，F-117 的退役是必然的。

2006 年 9 月，洛克希德·马丁公司获得"全系统支持合作 II 计划"价值 14 亿的合同，为 F-117 "夜鹰"隐身攻击机提供持续后勤支持。位于俄亥俄州空军基地的司令部航空系统中心签署该合同，合同从 2005 年 12 月开始协商，2006 年 9 月完成商议，预计于 2012 年完成全部工作。

小小知识岛：世界上飞得最快的侦察机

有人说 SR-71 "黑鸟"高空侦察机是世界上飞得最高、最快的高空侦察机，目前世界上还没有任何侦察机能打破它的纪录。

SR-71 侦察机最引为自豪的是曾创造了引人注目的飞行纪录：1971 年 4 月"黑鸟"用 10.5h 不着陆飞行了 24000km，至今还没有侦察机打破这个纪录。随后，它又于 1974 年 9 月用 1h 55min 飞行了 5671km，从美国的纽约飞抵英国伦敦。它还创造了时速 3666km 的纪录和持续在 26km 高度的飞行纪录。

视野很差，飞行员看
不到机身上部。

目前，合同的具体交付和数量细节还未确定。合同主要采用成本加奖励费
用合同的形式，与此同时在单个分发订单时也会根据需要采用成本加固定
费用合同，严格固定价格合同以及时间和材料合同形式。需要单个分发订
单的部分可能包括飞机修正感应、改变建议行为、追加维持支持、定制航
空站工作包以及飞机部署。

据五角大楼空军女发言人米歇尔·莱上校表示，退役的 F-117A 战斗
机中将有 1 架会移交给博物馆，作为空军战机隐身科技革新的标志，其他
大部分退役后将被送往亚利桑那州图森市附近的戴维斯·芒森空军基地的
飞机"坟场"。

✈ "臭鼬车间"飞出隐身飞机

科索沃战争是 20 世纪末的一场战争，如今科索沃的硝烟已经散尽，但是，科索沃战争中留下了许多让人回味的东西。在北约对科索沃的空袭中，最让人记忆犹新的是：南联盟的防空部队在塞尔维亚上空击落了一架美军的 F-117 隐身战斗机。这是到目前为止，唯一被击落的一架 F-117。

F-117 是美国人不断炫耀的一种高技术战斗轰炸机，绰号叫"夜鹰"，是世界上第一种隐身战斗机，是美国洛克希德飞机公司的得意之作，F-117 A 是美国空军的"王牌"，也是目前世界上最先进的战斗机。

有军事评论家说：飞机的诞生是 20 世纪初的伟大发明，隐身武器的出现是 20 世纪末的重大发明。美军的 F-117A 隐身战斗轰炸机是隐身飞机的一个代表。在 F-117A 诞生之前，美军还研制了具有隐身性能的其他

小小知识岛：击落飞机最多的飞行员

世界上击落飞机最多的飞行员是第二次世界大战时期的德国飞行员埃里希·哈特曼，他一共击落了 352 架敌军飞机。

1922 年 4 月 19 日，哈特曼出生于德国符腾堡地区魏斯扎赫城。他的母亲是一位富有冒险精神的飞行爱好者，这对哈特曼产生了巨大的影响。1939 年第二次世界大战爆发后，他加入了德国空军。1942 年 11 月 5 日，哈特曼击落了第一架飞机——苏军的伊尔-2 攻击机。此后，他不断总结经验教训，摸索新的空中格斗战术，逐渐成长为一名出色的空军飞行员，几乎每战必击落敌机。由于哈特曼机头上画了一个花朵形的黑色箭头，苏联飞行员给他起了个"南方黑色魔鬼"的绰号。1945 年 5 月 8 日，德国宣布无条件投降的这一天，哈特曼击落了第 352 架飞机。

难得的角度，若你没见过 F-117，你绝不会想到照片中的是一架飞机。

飞机如 U-2、SR-71。最引人注目的是，上面提到的这几种飞机都出自同一个地方——"臭鼬车间"。

那么，"臭鼬车间"到底是一个什么样的车间？隐身飞机又是怎样诞生的？让我们走进"臭鼬车间"去看一看吧！

"臭鼬车间"研制出了"香饽饽"

"臭鼬车间"其实并不是一个车间，它是美国一家飞机设计研究所的名字，这家飞机设计研究所隶属于美国的洛克希德公司，在美国的航空航天界最负盛名。

臭鼬又叫鼬鼠，俗名就是黄鼠狼。难道研制飞机和臭鼬这种动物有什么关系吗？原来，这个研究所在研制飞机的时候，一直处于一种极度保密的状态，甚至亲朋好友也不知道他们在里面干什么，再加上创业之初，技术人员是在一个帐篷里进行研究工作，帐篷附近有一个塑料工厂经常发出阵阵臭气，人们误以为臭气是从研究所的帐篷里发出来的，于是人们联想起美国的一个很出名的卡通连环画——用旧鞋、臭鼬搅拌制造美酒的露天作坊。从此，这个研究所被戏称为"臭鼬车间"。

"臭鼬车间"一开始只是研制战斗机。1975年的一天，"臭鼬车间"的一个工程师带着他的灵感和一份论文来到了研究所主任约翰逊的办公室。论文的作者并不是这位工程师，而是苏联的一位无线电工程首席科学家。这篇论文通篇都在讲述如何使飞机在雷达荧光屏上变得小而又小，尽管这篇论文写得平淡、深奥，但是约翰逊还是从中感受到了它的分量。就是这篇论文使"臭鼬车间"开始转向隐身技术研究。

让飞机隐身，说起来容易，做到难。在这之前，"臭鼬车间"已经研制了U-2、SR-71两种有隐身效果的侦察飞机，但是这两种侦察机的隐身效果并不理想，现在要研制一架隐身的战斗机，这可不是轻而易举的事情。美国的这位工程师说："我们可以把一架飞机分解成数千个平面三角形，把它们在雷达荧光屏上的标记累加起来，就可以得到精确的雷达横断面的总和。"用这种"化整为零"法设计出来的隐身飞机很快出现在图纸上，这就是F-117A的雏形。

"臭鼬车间"设计的这种全部用三角形组成的隐身飞机，成为世界上第一架全隐身飞机，有人把这种设计称为钻石设计，因此也有人把这架飞机叫做希望钻石。在设计研究所召开的一次讨论会上，研究所的一位设计师对飞机的隐身效果提出了疑

前起落架，支柱借用自 A-10 攻击机，可以看到旁边的 DLIR 窗口。

座舱近景

问，指着图纸说："如果我们按照图纸制造一架战斗机，它在雷达上的信号会是一个什么样子？是一只小鸟还是一架教练机？"

"它应该既不是小鸟，也不是教练机，而是无穷小！"研究所的主任说，"我们现在进行的是一次革命性的设计，隐身飞机在雷达上的信号应该只有小鸟的眼睛那么大。"

"这是不可能的！"当即就有人这么说，"三角形组成的飞机，阻力很大，它的速度一定很慢，就像18世纪的老汽车。这个丑家伙永远都不会飞起来。"

"我们不能在图纸上争论，我们必须造出一架模型飞机来，用中国人的俗语说，是骡子是马，拉出来遛一遛。"主任说。

很快一架模型飞机制造出来了，这架模型飞机和一架遥控侦察机的模型一同放进了电磁实验室。遥控侦察机模型的隐身效果在当时来说已经是很好的了，可是，试验结果表明，隐身战斗机模型比遥控侦察机模型的隐身效果还要高出几百倍。

"这并不能说明全部问题，这只是一次室内测试，还应该让它到室外去，让雷达来进行测试。"有人提议说。

雷达测试是必不可少的。"臭鼬车间"的人们用一根几米高的木杆把隐身飞机的模型支在了空中，并用一部雷达车对它进行扫描。开始雷达车距离模型100m，雷达的荧光屏上清楚地显示着模型的信号。雷达车不断地向后倒退，坐在车里的雷达操纵员和设计师们都目不转睛地盯着荧光屏，当雷达车距离飞机模型大约600m的时候，雷达操纵员对设计师们说："请去检查一下你们的飞机模型，看一看它是不是掉在了地上，因为它的信号在雷达上消失了。"

一位设计师打开雷达车的车门，向目标处张望，只见飞机模型安然无恙高高地立在那里，他的脑袋仍旧探出车外，说："模型纹丝没动。"这时恰好有一只乌鸦落在了飞机模型上——"哈，我测到它了！"雷达操纵员高兴地说。

其实他测到的只是那只乌鸦，根本不是隐身飞机的模型。看来这个"丑家伙"的隐身效果还不错。

✈ 破灭的神话

经过几年的努力，第一架隐身战斗轰炸机的技术验证机诞生了，这架飞机被命名为"海佛蓝"。1977年12月1日，"海佛蓝"在格鲁姆莱克空军基地进行第一次试飞，试飞员

左侧进气口，从光线的侧影处可以看到F-117的蒙皮接缝都用类似带子的材料封住。这些材料很薄，只有在这种光线角度下才能被发现。

为了增加安全性，F-117 安装了角反射器以增大雷达截面，角反射器就在机徽之后。这张图中还可以看到襟翼与喷管部分，F-117 正处于极佳的保养状态。

叫比尔·帕克，是美国空军的首席试飞员，当他谈起那次试飞的情况时说："那是我开过的最丑陋的飞机！我当时认为那种三角形的不透明座舱是很不吉利的。"后来他才知道：三角形座舱上的玻璃是用特殊材料制作的，任何雷达也检测不到他头上戴着的头盔。

那天，比尔·帕克很轻松地踏进座舱，人们无法知道他内心深处复杂紧张的心情。为了保证隐身效果，飞机在起飞时不能打开加力，所以飞机滑跑的距离很长。这架飞机的速度的确很慢，比尔·帕克把油门开到最大，直到跑道的尽头，他才把飞机拉起来，在场的人都为他捏了一把汗。第一架"海佛蓝"就这样成功地起飞了。"海佛蓝"技术验证机一共生产了 6 架，其中 2 架分别在 1978 年和 1980 年坠毁。

1981 年，"海佛蓝"被正式命名为 F-117A，绰号"夜鹰"，随后开始正式生产，1982 年开始正式装备部队。1990 年 F-117A 正式停产，美国空军一共接收了 57 架 F-117A 隐身战斗轰炸机。

　　值得一提的是，F-117A 的保密工作做得非常好，美国空军正式装备 F-117A 6 年之后，才向世人公布这种飞机的存在。开始人们把这种飞机猜测为 F-19，甚至有人还推测出了这种飞机的外形，可是，在 1988 年 11 月 10 日美军第一次公布 F-117A 的照片时，人们看到的是一架由多面体组成的飞机。这样的飞机能隐身吗？人们的头脑中产生了许多问号，直到 1989 年 12 月 21 日 F-117A 参加了美军对巴拿马的军事行动，向巴拿马的一个兵营投掷了两枚激光制导炸弹，人们才真正看到了它的作用。在海湾战争中，F-117A 向伊拉克的防空指挥控制中心投下了这次战争的第一枚炸弹。在整个海湾战争中，共有 42 架 F-117A 参加战斗，出动了 1300 多架次，投弹 2000 多吨。尽管 F-117A 在海湾战争中出动架次只占整个轰炸架次的 2%，但是它却轰炸了 40% 的目标。

"鹰狮"到底得了
什么"病"

　　"鹰狮"战斗机得病了。瑞典空军的一位官员在 2004 年 1 月 23 日向外界透露说：JAS39"鹰狮"战斗机存在某些技术问题，导致该型战斗机无法在夜间和多云气象条件下使用。据瑞典的飞行员反映，"鹰狮"战斗机使用的机载雷达在过去 2 年中至少有 10 次自动停止工作，妨碍了战斗机的导航功能运转，致使"鹰狮"战斗机飞行使用受限。

　　雷达是战斗机的眼睛，眼睛出了毛病，战斗机作战训练都是要大打折扣的。这是怎么回事？难道"鹰狮"战斗机真的会"一病不起"吗？为了摸清"鹰狮"

的病情，我们不妨先来看看它的身世——

"混血儿"成为"马路天使"

瑞典人"投机取巧"实行拿来主义设计自己的战斗机。"鹰狮"战斗机的发动机是"拿来"美国的产品，辅助发动机是从英国"拿来"的。"鹰狮"战斗机安装的机关炮也不是自己生产设计的，而是德国和法国合

小小知识岛：飞机为什么会飞？

飞机要实现飞行，首先依靠机翼的升力。那么升力是怎样产生的呢？我们可以做一个试验：双手各拿一张纸板，并以较近的距离平行垂下。从上端向两张纸中间吹一口气，两个纸板就会靠近，甚至合到一起。这是由于纸中间气流速度大、压强低，纸外侧空气静止、压强较大，从而产生向内的压力使它们靠近。这就是人们熟知的伯努利原理：水与空气等流体，流速大的地方，压强小；流速小的地方，压强大。

同样，把机翼纵向剖开，会形成一个翼截面或翼剖面，在航空上称翼型。当空气流过机翼时，气流会沿上下表面分开并在后缘处汇合。上表面弯曲，气流的行程较长，下表面较平坦，气流的行程较短。上下气流最后要在一处汇合，因而上表面的气流必须速度较快，才能与下表面气流同时到达后缘。根据伯努利原理，上表面高速气流对机翼的压力较小，下表面低速气流对机翼压力较大，这就产生了一个压力差，也就是向上的升力。在实际的飞机机翼上，升力来自两部分，一是机翼下面的气流高压产生的向上的冲顶力，一是机翼上面的高速气流的低压产生的吸力。简单地说，升力是气流对机翼"上吸、下顶"共同作用的结果。在全部升力中，机翼上表面的吸力比下表面的冲力更大。

作的产品。只有火控系统是自家研制的。"鹰狮"战斗机挂载的武器也不是自己生产的，其翼尖上挂载的 AIM-9"响尾蛇"导弹来自美国，翼下挂载的"天空闪光"中距空空导弹来自英国。这样看来，"鹰狮"是一个地地道道的"混血儿"。

瑞典是一个欧洲国家，面积不足45000平方千米，人口也只有900多万，现役军人大约7万人，其中空军人数仅有万余人。瑞典的国土狭长，公路交通十分发达，而且公路的质量非常好，许多路面都是用硬材料铺设的，有近一半的公路可以作为飞机的跑道来起降战斗机。我们知道飞机离不开机场和跑道。战争时期，敌对双方都把对方的机场和跑道作为攻击的主要目标，机场的跑道一旦被炸，飞机就无法起降。但是，瑞典的战斗机可以不依赖机场和跑道，而从公路上起降。人们给这种飞机取了一个十分形象的名字：马路天使。瑞典军方要求JAS39超音速战斗机能在公路跑道上起降，并能以超音速进行截击，还能携带一定数量的武器完成对地攻击任务和照相侦察任务。这就是一机多用的设计原则。瑞典军方还要求新一代JAS39可以在所有高度上实现超音速飞行，能够执行瑞典所有的防卫任务，并且这种战斗

JAS39C "鹰狮"

机的维护和保养工作非常简单。"鹰狮"战斗机就是在这种背景下诞生的。

JAS39"鹰狮"在研制改进中十分重视提高该机的再次出动率。一般情况下，"鹰狮"由一个包括 1 名机械师和 5 名机械员组成的维护保养小组进行维护，将执行空战任务的再次出动时间缩短为 10min，执行对地攻击任务的再次出动时间缩短为 20min。并且在研制中充分考虑了瑞典空军在战时的疏散使用原则，能在数量众多的公路跑道上起降。

JAS39"鹰狮"战斗机受到许多国家的青睐。南非和匈牙利空军已经购买了"鹰狮"战斗机。捷克共和国在 2003 年 12 月决定：不采用美洛克希德·马丁公司提供的 F-16 战斗机，而是租借 14 架新"鹰狮"战斗机，租期为 10 年。目前巴西空军也正在考虑购买"鹰狮"战斗机。

✈ 努力飞进第四代战斗机行列

尽管 JAS39"鹰狮"的雷达系统出了故障，但是瑞典航空公司的一位技术负责人说："鹰狮"的这些故障是战斗机发展中的正常阶段，"鹰狮"的一些技术问题正在被纠正。

"鹰狮"是西欧"三代半"战斗机中重量最轻、尺寸最小、最早投入使用的飞机。该机总订购数为 204 架，现已交付的数量超过 50 架。JAS39"鹰狮"是按"一机多型"的原则设计的战斗机。什么叫一机多型呢？简单地说，就是一架飞机可以"摇身一变"成为截击机（又叫战斗机）、攻击机（又叫强击机）、侦察机和教练机。也就是说，当战斗机换上某些零部件和部分设备之后，可以分别执行不同的任务。比如，战斗机换上红外线照相设备和照明设备之后，就变成了一架可以实施全天候侦察的侦察机。

"鹰狮"战斗机是首先在世界上服役的新一代多用途战斗机，虽然很多人把它称作"三代半"战斗机，但是它的设计可以满足 21 世纪 20 年以

JAS39D "鹰狮"

前针对所有空中威胁提出的要求，同时，它还可以满足和平时期对飞行安全性、可靠性、训练效率和运行成本所提出的严格要求。

瑞典自称 JAS39 是世界上第一种第四代战斗机（一般人们都把这种"鹰狮"称为"三代半"战斗机）。为了名实相符，让 JAS39 真正成为第四代战斗机，也为了增强"鹰狮"战斗机的出口潜力，瑞典军方正在不断改进 JAS39。"隐身能力"是第四代战斗机的一个显著特点，由于 JAS39 是在 20 世纪 80 年代初开始研制的，当时并没有刻意考虑隐身问题，所以现在也只能采用折中的隐身措施——主要在进气口、座舱盖和雷达天线等部位作一些修改，以达到一定程度的隐身能力。目前 JAS39 的设计公司还在研究如何进一步降低该机的雷达信号特征值问题，武器内挂方案也在研究之列。但这些改进不仅会导致"鹰狮"的尺寸和重量增加，价格也会随之提高。由于机体尺寸较小，从隐身角度来讲对"鹰狮"是有利的。"鹰狮"战斗机瞄准国际市场上的米格 -21、米格 -23、"幻影"F.1 等第二代战斗机需要更新换代的国家，在出口型上进行了许多改进，包括采用彩色多功能显示器的新型座舱、改进的发动机和雷达以及可选红外搜索与跟踪系统。另外，出口型上还将选装空中加油探管、北约式武器挂架及英语指令系统等。

飞向未来的"鹰狮"

"鹰狮"战斗机并没有因为雷达问题而"裹足不前"。

"鹰狮"战斗机具有良好的多用途能力，能够适用于执行空战、对地攻击和侦察等多种任务，并能在执行某种任务的过程中更改任务模式。这对于提高部队的快速反应能力是十分有利的。机上装有空对空战术信息数据传输系统，使它能在飞机间以及飞机与海基、地基的探测装置间进行实时的信息传输。这个系统对提高机队的作战能力和快速反应能力有重要作用。机上还装有一套任务计划系统，可由飞机探测系统收集到的信息自动对数据库进行修正，还可通过利用与其他飞机相连的数据链来提高其效能，这种信息收集能力利于缩短任务周期时间，提高飞机出动架次数。

小小知识岛：飞机诞生和第一次空战

1903年12月17日被公认为飞机的诞生日，这一天美国人莱特兄弟研制的飞机成功地进行了飞行，虽然飞行距离只有短短的几十米，但是这是人类向空中迈出的一大步。

飞机诞生不久就被用于军事。1911年在墨西哥内战中，政府军从莱特兄弟的公司购买了一架飞机，用它来监视和侦察革命军的行动。墨西哥的革命军也不示弱，也从美国买回来一架寇蒂斯式飞机，并且招聘了一位美国飞行员。有一天，美国飞行员驾驶着飞机在空中遇到了政府军的飞机，两机相遇互相追逐，一时间难分胜负，两机的飞行员干脆都拔出手枪，相互对射。尽管这场空战双方无一伤亡，但是它可以看做是世界上最早的空战。

作为长远目标，"鹰狮"战斗机正在为争夺2010—2020年世界战斗机市场作长远准备。再过10年，世界上许多国家装备的第三代战斗机将要退役。为了占领这个市场，瑞典的航空公司正在对JAS39进行一系列重大的改进。最重要的四项改进有：①采用推力矢量系统，提高飞机的机动性和作战效能；②选用推力更大的发动机；③减少雷达和其他外部特征，增强飞机的隐身性能；④改装一部主动式相控阵雷达、下一代红外搜索与跟踪系统、电子支援系统及数据链。

JAS39"鹰狮"在设计上对减轻飞机重量是相当重视的，在未来的改进中，"鹰狮"将进一步采用碳纤维复合材料。

瑞典方面还在投资进行先进的电子扫描雷达的研制工作，最终将取代多模式脉冲多普勒雷达；"鹰狮"将具备挂装下一代超视距空空导弹的能力；采用下一代座舱人机界面，包括采用大屏幕显示器和先进头盔显示器；"鹰狮"还要进一步降低维护和使用费用。

1. 空速管 2. 旋涡发生器 3. 雷达整流罩 4. 雷达天线 5. 天线跟踪装置 6. 雷达安装隔板 7. 齐平天线 8.PS-50/A 多功能脉冲多普勒雷达 9. 前密封隔板 10. 侧滑角传感器 11. 迎角传感器 12. 炮管火焰槽 13. 条形编队灯 14. 方向舵脚蹬 15. 驾驶杆，三余度数字式电传操纵系统 16. 阴极射线管座舱显示器 17. 仪表板罩 18. 无框风挡 19. 平视显示仪 20. 左铰座舱盖 21. 马丁－贝克S10LS零零弹射座椅 22. 座舱盖电动装置 23. 驾驶舱后密封框 24. 机油门杆 25. 超高频天线 26. 前起落架支柱，滑行灯 27. 双前轮，向后收起 28. 液压操纵装置 29. 机炮炮管 30. 附面层隔离板 31. 固定几何形状的进气道 32. 附面层热交换器进气口 33. 电子设备舱

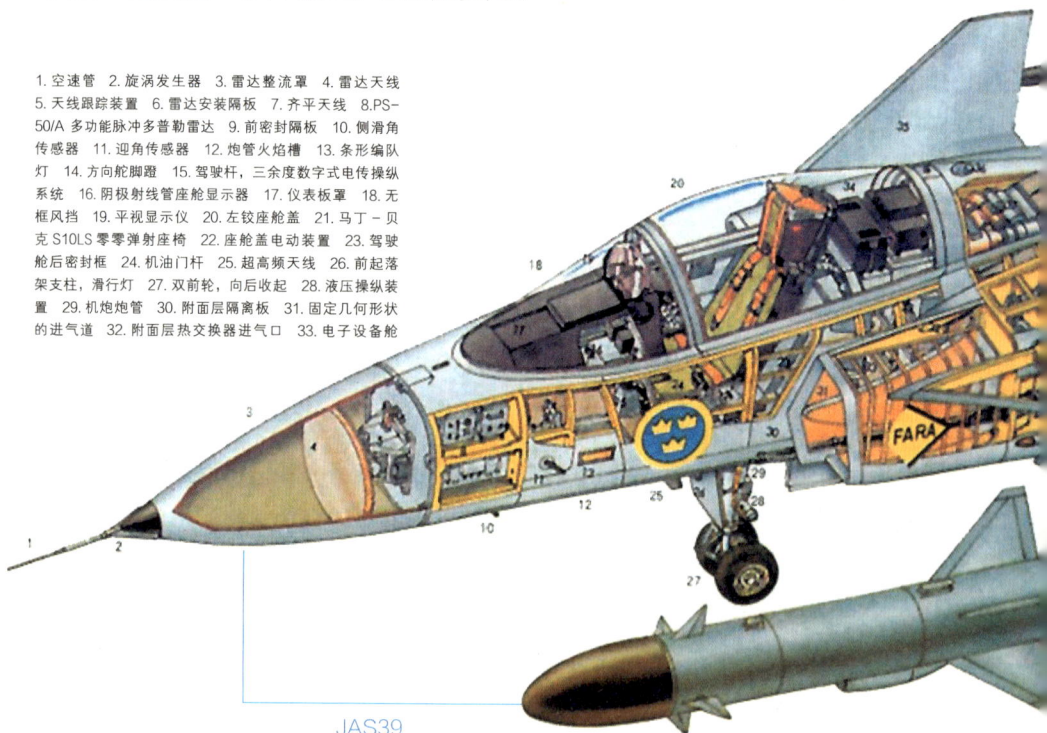

JAS39

34. 座舱后的电子设备架 35. 右侧鸭翼（前翼） 36. 频闪灯 37. 空调设备舱 38. 热交换器排气管 39. 鸭翼操纵液压动作筒 40. 鸭翼枢轴固定点 41. 一门27毫米"毛瑟"BK27机炮 42. 左侧航行灯 43. 地面设备试验板 44. 条形编队灯 45. 鸭翼复合材料结构 46. 机炮弹舱 47. 机身上部的通信天线 48. 机身整体油箱 49. 液压油箱和设备舱 50. 机翼与机身连接的主框架 51. 机背整流罩内的线系和管道 52. 塔康天线 53. 右翼整体油箱 54. 外挂架安装肋 55. 右翼双短前缘襟翼 56. 翼尖导弹挂架 57. 外侧升降副翼 58. 内侧升降副翼 59. 敌我识别天线 60. 发动机排气溢流口 61. 条形编队灯 62. 发动机压气机进气口 63. 辅助动力装置设备舱 64. 内侧升降副翼液压动作筒 65. 微型涡轮辅助动力装置 66. 沃尔伏航空发动机公司RM12涡扇发动机 67. 垂直安定面 68. 自动驾驶仪设备 69. 碳纤维复合材料结构 70. 助力系统压力传感器 71. 雷达警戒天线 72. 电子对抗设备整流罩 73. 顶部甚高频天线 74. 机尾航行灯 75. 碳纤维复合材料方向舵 76. 方向舵液压动作筒 77. 加力燃烧室 78. 尾喷管调制装置 79. 可变截面积尾喷口 80. 左侧减速板 81. 减速板液压动作筒 82. 左翼内侧升降副翼 83. 升降副翼碳纤维复合材料结构 84. 外侧升降副翼液压动作筒 85. 左翼外侧升降副翼 86. 翼尖导弹挂架 87.AIM-9J"响尾蛇"空空导弹 88. 前后都有空中预警天线 89. 左翼双段前缘襟翼 90. "天空闪光"（AIM-120或"米卡"）空空导弹 91. 碳纤维复合材料翼蒙皮 92. 外侧挂架安装翼肋 93. 外侧外挂架 94. 左翼主轮 95. 前缘襟翼铰链 96. 左翼整体油箱 97. 翼肋结构 98. 内侧外挂架安装肋 99. 主起落架支柱 100. 液压收放动作筒 101. 翼根连接接头 102. 主起落架支柱保护装置 103. 电动前缘襟翼驱动轴 104. 机翼内侧外挂架 105. 副油箱 106. 主起落架舱门 107. 机腹中线副油箱 108. 萨伯RBS15空对面导弹 109.MBB DWS39子母弹箱

05

"科曼奇"下马之谜

　　美军的"科曼奇"武装直升机"死了"。它是在孕育中"死去"的,有人说它是"胎死腹中"。其实它已经成型了,先后有 4 款研制型机(原型机)飞上天空,而美军最初计划需要几千架"科曼奇"。

　　1996 年,当第一架"科曼奇"原型机问世后,"科曼奇"的制造商波音和西科斯基公司信心十足,非常看好"科曼奇"的发展前景,当时波音公司的老总带着几分炫耀几分自豪地说:"科曼奇"的作战效果已经"超过了我们所有人的预期",它不仅是美军航空兵现代化计划中的"中流砥柱",还是美军实现快速反应部署和灵活打击能力所需的先进武器系统之一。美国军方"科曼奇"的首席试飞员也出来作证:虽然"科曼奇"上装备了各种先进的电子设备,但整机的可靠

RAH-66"科曼奇"

性并没有下降。一时间，"科曼奇"成了武装直升机领域一颗即将升起的"明星"。

可是就在它即将呱呱坠地之时，一件意想不到的事情发生了：2004年2月23日，美军宣布，取消生产新一代直升机 RAH-66 "科曼奇"的计划。这是美军有史以来取消的最大的武器研制项目之一。美军的"科曼奇"武装直升机研制耗时21年，耗资将近80亿美元。这是一个庞大的新型武器研制计划，这个计划曾被罩上了许多耀眼的光环，现在我们就来看看——

"科曼奇"头上有多少光环?

21岁对一个人来说已经是步入成年了，可是对于"科曼奇"武装直升机来说，它还处在"孕育期"。有人说，RAH-66 "科曼奇"的"孕育期"过于漫长。这是因为，在这21年的"孕育期"中，美军曾经几次想让它"流产"，但是，因为"科曼奇"的头上被罩上了种种光环，美军不得不让它继续发展。

光环之一：隐身效果胜过 F-117

有人把 RAH-66"科曼奇"叫做直升机家族中的 F-117。这虽然是一个比喻，但是从这个比喻中可以看出 RAH-66"科曼奇"的确有不同寻常的隐身能力。还有人说 RAH-66"科曼奇"是直升机家族中的第一种隐身直升机，也是唯一的"隐身者"。可以看出隐身能力是"科曼奇"最具特色的"光环"。

的确，RAH-66"科曼奇"有不少突出的隐身设计。

我们知道，一些国家在研制新型武装直升机的时候，都把隐身效果作为研制的一个方向。比如，美军 AH-64 的发动机排气管就采用了绰号"黑洞"的红外辐射抑制装置，法国和德国联合研制的"虎"式武装直升机也采用了一些隐身设计。

而 RAH-66"科曼奇"采用的是整体隐身设计：它的机身采用了类似 F-117 的多面体圆滑边角设计，减少直角反射面，并采用吸波材料；发动机进气口经过精巧设计，开口呈缝隙状，进气道曲折，避免了雷达波照射到涡轮风扇上产生大的回波；排气管采用复杂的降温、遮掩设计，排气辐射量极小；采用了美国直升机设计中少有的涵道风扇尾桨设计，雷达反射回波比传统尾桨少；武器主要装在机身两侧弹舱内，发射时伸出发射，需要时也可以加装短翼，外挂弹药。"科曼奇"除了采用 B-2 轰炸机和 F-117 这两种飞机的隐身技术外，还应用了专为它研究的新技术。

RAH-66"科曼奇"减小雷达反射截面积的另一项外形设计措施是，采用内藏式导弹和收放式起落架。RAH-66 最多可携带 14 枚导弹，其中 6 枚挂装在具有整体挂梁的可关闭舱门上，平时舱门关闭，发射时打开，这是内藏式导弹舱在直升机上的首次使用。20mm 口径的"加特林"转管炮能形成较大的雷达反射截面积，所以它被设计成能在水平面内转动 180° 并向后收藏在炮塔的整流罩内。悬挂武器或副油箱用的短翼可拆卸，

RAH-66

在执行武装侦察等只需携带少量武器而要求高隐身能力的任务时，可拆掉短翼。后三点式起落架是可收放的，收起后有起落架舱门关闭遮挡，可减小雷达反射截面积。

为减少雷达反射截面积，RAH-66还广泛采用了复合材料，有韧化环氧树脂、双马来酰亚胺树脂、石墨纤维、玻璃纤维和凯夫拉纤维等，其所使用的复合材料占整个直升机结构重量的51%，而美国军用直升机UH-60"黑鹰"所用的复合材料才占9%。有人说RAH-66"科曼奇"是目前世界上使用复合材料最多的实用直升机，这话并不过分。如果你走进"科曼奇"，你就会看到，在"科曼奇"的机体结构中使用复合材料的有蒙皮、舱门、桁条、隔框、中央龙骨盒梁结构、炮塔整流罩、涵道尾桨护罩、垂直尾翼和水平安定面。在旋翼系统中使用复合材料的有挠性梁、桨叶、扭力管、扭力臂、旋转倾斜盘、套管轴和旋翼整流罩。传动系统使用复合材料的有传动轴和主减速器箱。

RAH-66"科曼奇"直升机还可加装雷达干扰机，用来迷惑探测雷达。这种雷达干扰机能将探测雷达发射的雷达波变为脉冲信号，同时还能测出"科曼奇"直升机在当时条件下的反射数据，并发射出假回波，从而达到使探测雷达失去目标的目的。RAH-66"科曼奇"的雷达反射特征信号低，使用低功率干扰机即可，这就减轻了干扰机的重量及费用。不像AH-64"阿帕奇"那样，需要较高功率的干扰机。

RAH-66"科曼奇"直升机的雷达反射截面积比目前其他任何直升机的都小，仅为它们的1%。这么好的隐身性能主要是因为它采用了可隐身的外形，广泛使用了复合材料和雷达干扰设备。

RAH-66"科曼奇"机头的光电传感器转塔为带角平面边缘形状，有消散雷达反射波的作用。机身侧面由两个半平面转角构成，这就避免了圆柱体和半球体机身那种强烈地全向散射雷达波的弊病。尾梁两侧有圈置的"托架"，可偏转反射掉雷达波，使雷达波不能反射回探测雷达。尾部的涵道后桨向左侧倾斜，尾桨上的垂直尾翼向右侧倾斜，上面安装水平安定面。这种结构不会在金属表面之间形成具有90°夹角的、能强烈反射雷达信号的角反射器。普通直升机的正面进气道像角反射器那样，是较强的雷达反射体，而RAH-66"科曼奇"直升机的两台发动机包藏在机身内，进气道是安装在机身两侧上方呈悬埋入式的，而且进气道呈棱形，不会对雷达波形成强反射。旋翼桨毂和桨叶根部都加装了整流罩，形成平缓过渡的融合体，也可减少对雷达波的反射。桨叶形状经过精心设计，不易被雷达探测到。

整体结合的各种措施使得RAH-66"科曼奇"的雷达回波和红外辐射比现役直升机有较大降低，堪称直升机中的F-117。

光环之二：世界上第一种全数字化直升机

RAH-66"科曼奇"头上的另一个光环就是"全数字化直升机"。的确，在设计之初，RAH-66"科曼奇"就定位于全数字化方向，在以后不断改进的设计中，"科曼奇"确实可以称得上是世界上第一种完全数字化、智能化的直升机。它具有高度的智能化作战系统、灵活的操纵系统以及先进的故障显示系统。

在执行侦察任务的时候，飞行员把开关置于"自动侦察"位置，这时"科曼奇"直升机的智能化作战系统就能自动地进行全方位搜索和探测，并自动显示、记录、报告目标位置；当有导弹向"科曼奇"袭来，直升机座舱里面的安全系统就会立即报警，同时显示屏上立即显示威胁的性质、方位、距离和所应采取的应对方式。

最为突出的是，"科曼奇"执行侦察任务是在计算机的帮助下完成的，它能够立即将机上设备所发现的目标数据与原来储存的资料数据进行对比分析，去伪存真，发现新目标和新动态，将最终得出的目标数据与战场态势在座舱荧光屏上显示出来，然后根据指令近乎"实时"地传送给地面部队有关指挥官。如果使用普通侦察机，从发现战场目标到指挥下一个攻击力量出击需要 1 ~ 2h，而使用"科曼奇"后整个过程只需要 10min 左右。

"科曼奇"还有一套完善的故障诊断和修复系统。如果"科曼奇"发生了故障，直升机的故障显示系统可以立即诊断出故障的性质和部位，更为神奇的是，"科曼奇"还可以预报即将发生的故障，并显示出应该采取的防范措施。

"科曼奇"的智能化作战系统包括前视红外仪、高分辨电视、激光测距仪、辅助目标分类、全球定位与惯性导航、数字化地图、光纤数据总线、头盔显示仪及一体化通信系统。这些系统能对数据进行加工和融合、显示分类，并且进行顺序排列，准确率超过 90%。它还能提供 5 种不同数据传输方式，将信息传输给其他系统或指挥所，指挥员通过计算机将这些数据综合以提供准确的动态图像。

另外，这些智能化作战系统可使武装直升机摆脱夜间和不良天气的束缚，真正具备全天候作战能力，从而大大提高作战能力。

光环之三：无声无息说尾桨

减少噪声是直升机隐身的重要方面。要让武装直升机"无声无息"是不可能的，但是尽量减少噪音是能办到的。其实直升机本身就有一定的先天性隐身效果：直升机飞行高度要比固定翼飞机低，山丘是直升机很好的遮挡物，一般来说，雷达不容易探测到山丘后面飞行的直升机。如果直升机贴地飞行，地面的杂乱回波也将掩蔽直升机而使雷达无法辨别直升机的回波。可是直升机通常在低空和超低空活动，在用肉眼看到直升机之前，通过直升机的响声也可探测和识别直升机，地面人员很容易凭借直升机的声音首先发现直升机的存在。尾桨是直升机噪声的最大来源，因此在降低噪音方面，"科曼奇"把主要功夫放在了尾桨上面。

RAH-66"科曼奇"采用了不少减小噪声的措施。首先是采用了新式尾桨，尾部旋翼带护罩，减少了桨叶间的气动干扰，不但大大降低了尾桨部分的噪声，而且尾桨易于收放在机舱内侧。旋翼桨尖采用后掠式，可使噪声声压减少2～3分贝，这样5片桨叶旋翼的噪声与2片桨叶旋翼的噪声就难以分辨。"科曼奇"采用的是涵道尾桨，由于消除了旋翼与尾桨尾流之间的相互作用，也可减少噪声。同时尾梁两侧向下的狭长缝隙式排气口，不仅能减少发动机排气的红外辐射，而且还能消除发动机排气的噪声。RAH-66"科曼奇"降低噪声的另一种方法是，桨叶的叶型和弯曲度非常合理，这样，直升机在低速飞行（167km/h）时便可降低旋翼转速，从而降低旋翼噪声。通过以上减噪设计，"科曼奇"有效地减小了噪声，使被监听到的距离缩短到普通直升机的一半，而且还能使一些反直升机的音响地雷引信失效，使其在执行侦察任务时可以保持高度隐蔽。

光环之四：穿上刀枪不入的铁布衫

"科曼奇"武装直升机的生存能力很强，波音公司一直在炫耀"科曼奇"的这个特点。甚至有人在媒体上吹嘘说："科曼奇"武装直升机飞在空中时你根本看不见它；如果你能看见它，你也击不中它；就算你能击中它，它也不会被击落；假如你真的击落了它，它的飞行员还能活着！这主要说的是RAH-66"科曼奇"的生存力。当然，这样的话中未免带着几分夸张。

武装直升机的生存能力包括两方面，一是作战生存力，例如受到对方武器打击时的抗损能力等，二是平时训练飞行或使用过程的正常抗坠毁能力。

"科曼奇"集攻击、侦察两大任务于一身，防护力非同一般，机身装甲是一种新型合成材料，既减轻了重量，又能抵御动能弹的攻击。其作战生存力设计标准是：尾旋翼能承受 12.7mm 机枪弹丸打击，并且在一片旋翼被打掉后仍能飞行 30min；机体结构可承受 23mm 炮弹直接命中产生的伤害。另外作战时座舱有防化学及生物武器的能力。

武装直升机的低空机动能力对提高作战生存力影响很大。低空作战要尽量减少暴露于对方火力的时间，例如要能很快超低空越过一个山头。"科曼奇"的最大正过载是 +2.5g，负过载是 −1.0g，这使它能够在大速度冲刺时用 6s 时间越过一个 100m 的小山头，离地高度始终保持不大于 5m。刚开始拉起时用 2s 时间保持正过载 2.5g，然后在不大于 1.5 秒时间

RAH-66 尾部

之内改为负过载（使直升机顺鼓包形状下降），接下来保持 -0.5g 约 2s 时间。这样，整个机动动作暴露的时间很短。

为提高直升机的作战生存力，美陆军强调双发动机布局。现在采用的动力装置为 2 台 T800-LHT-800 型涡轮轴发动机，每台最大功率为 1149kw。2 台发动机基本上独立工作，当 1 台发动机作战损伤时，不会影响到另一台的工作。只要有 1 台发动机工作，直升机就可以保证返航。抗坠毁方面的标准是：当以 12.8m/s 的垂直速度坠地时，飞行员座椅可保证其生命安全，概率为 95%。

在这里有必要说说"科曼奇"的火力情况。"科曼奇"是一种集侦察、攻击于一体的武装直升机，所以在火力方面，"科曼奇"直升机并不作过高要求，它的武器挂在两侧的弹舱门内侧。发射前打开这两扇门，武器伸出武器舱外，并可以在 3s 之内实施发射。

"科曼奇"武装直升机标准的武器装备有：每侧弹舱门内侧各有 3 个挂架，可挂 3 枚"海尔法"导弹、"陶"式导弹，或 6 枚"毒刺"导弹，也可挂一具 19 管 81mm 口径火箭发射器。机头下方有一门 3 管 20mm 口径转管航炮，射速对地攻击时为 750 发 / 分或者对空攻击时为 1500 发 / 分，备弹 500 发。不使用时，航炮可向后回转 180°，收入前机身一个小舱室内。炮的瞄准与头盔瞄准具相互交联。

✈ "胎死腹中"有秘密

既然"科曼奇"是一种十分先进"举世无双"的武装直升机，为什么在研制了 21 年之后却要半途而废停止它的发展呢？这其中有什么密不可言的东西吗？

✈ "不对称战争"拒绝"科曼奇"

停止"科曼奇"的发展计划最早源于 2001 年，当时曾在海军航空兵部队服役的国防部长拉姆斯菲尔德就指示助手抛出了一份全新的国防战略评估报告，认为在苏联解体之后，恐怖主义已经成为美国的最大威胁，美军的战略重心也必须随之从冷战时期的大规模作战转移到打击恐怖分子的"不对称战争"上。美军应当削减常规部队特别是陆军的规模，将节省下来的钱用于发展导弹防御体系（NMD）、远程隐身轰炸机、无人驾驶飞机等高科技装备。因为近几十年来，美国发动地面战争的机会越来越小，维持现有部队规模"在某种程度上讲，是一种浪费"。这份报告被称作"拉氏报告"。在这种情况下，美国国防部在 2002 年 5 月砍掉了价值高达 110 亿美元的陆军"十字军"自行火炮合同，现在又终止了"科曼奇"直升机的发展计划。

在决定停止"科曼奇"武装直升机的发展计划后，美国陆军将领出来解释说：我们是在对"两年半以来的美国反恐战争以及在可预见的未来美军的作战环境"进行了全面评估后做出撤销"科曼奇"研发项目的决定。陆军参谋长休恩梅克将军也承认，放弃"科曼奇"是一个重大而艰难的决定，但"这是一个正确的决定"。

主管陆军作战任务的理查德·科迪中将则解释道：目前战场上地对空导弹和高射炮的作战能力已经大大提高，严重威胁到了"科曼奇"的生存空间。"科曼奇"的唯一生路是进行现代化改装，但这样一来，原本已经超标的预算就更难控制了。"科曼奇"武装侦察直升机项目多年来屡遭经费超支和研发延期的困扰，共进行了 6 次结构性调整。最开始时五角大楼估计"科曼奇"的单价是 1200 万美元，共建造 1200 架。但美军在花费了 20 年时间后，"科曼奇"还是无法进入全速生产状态，而每架"科曼奇"的造价却已经涨到了 5900 万美元，以至于军方不得不将采购数量降到 650 架。耗资巨大是"科曼奇"下马的一个重要原因。

如果仅仅是费用过高并不足以让"科曼奇""胎死腹中",促使美军放弃"科曼奇"计划的最主要原因还在于当年的设计思想并不能适应 21 世纪的美军作战要求。"科曼奇"是美国前总统里根执政时期,为了对抗苏军大规模坦克群而开始研发的武器,用 21 世纪的眼光来看,"科曼奇"已经远远落在了时代的后面。

🛩️3 无人机的优势胜过"科曼奇"

"科曼奇"的研制计划始于 1983 年,当时仍是美苏对峙的冷战时期,欧洲大陆是美苏可能发生战争的热点地区,"科曼奇"直升机计划内所有的要求都是针对欧洲环境下的战争而设。美军分析了冷战结束后的世界形势,美军认为:欧洲发生战争的威胁大不如前,而近年在阿富汗和伊拉克作战的环境都是寸草不生的大漠,难以让直升机有藏身之处,在 2003 年的伊拉克战争中美军已经损失了很多架直升机,有些直升机无法适应沙漠环境。更重要的是,在伊拉克频频发生直升机被击落的事件,其中有不少直升机都是被并无制导装置的火箭炮在短距离内击落的。在与伊拉克战场情况类似的战争环境中,"科曼奇"直升机上各种能够躲避雷达探测和红外线探测的隐身技术形同虚设,而"科曼奇"的装甲保护又不如"阿帕奇"武装直升机,这些因素无疑使得"科曼奇"的生存性能和价值大打折扣。"科曼奇"的唯一生路是进行现代化改装,但这样一来,原本已经超标的预算就更难控制了。现在,陆军可以拿着原本属于"科曼奇"项目的巨额预算来购买多达 800 架现役"黑鹰"直升机,升级现役战斗序列中的1400 架作战飞机,并加大对无人机项目的资金投入。

美军重视无人机的发展是迫使"科曼奇"下马的另一个非常重要的原因。

小小知识岛：美国国防部《无人机路线图计划》

美国国防部《无人机路线图计划》规定海军无人机分高空、中空、低空三个梯次。在高空，一架无人机将监视广大海域内的情景；在中空，一架隐身无人机能够从一艘航母上起飞，并向目标投掷炸弹；在低空，一架垂直起降无人机将从一艘水面舰船上起飞，担负前方侦察兵的角色，为舰艇部队扫清障碍。

如今无人机技术在世界许多国家蓬勃发展。无人驾驶飞机的研制成本低廉，而且能完成"科曼奇"担负的所有作战侦察任务，即使无人机被敌方击落，也不存在搜救驾驶员的问题。比如美军在阿富汗和伊拉克作战时表现出色的"捕食者"无人侦察机，不仅能为后方将领"现场直播"前线的情况，而且装上"地狱火"空对地导弹后，它还可以进行反装甲任务。美国军方透露：陆军参谋长根据阿富汗和伊拉克两场战争的经验，花了半年时间检讨陆军的军备采购计划，结论是"科曼奇"直升机的开发未能配合美国陆军作战模式的转变，因此只能取消这个武器研制计划。

美陆军另觅新欢有了新飞机

美国陆军停止"科曼奇"的研发并非不再研制新的航空器，相反，美国陆军正在重新制定航空全面重构计划，这个重构计划直接促成了RAH-66"科曼奇"直升机项目下马。

航空全面重构计划要求陆军所有现役、预备役和国民警卫队部队向一种标准化、模块化的航空构成转变。陆军新型航空旅将包括由48架飞机组成的两个攻击营，一个由30架飞机组成的运输营，一个由8架指挥与控制直升机、12架CH-47"支奴干"直升机、12架救援直升机组成的通用保障营,一个飞机自保障营以及一支无人机部队。

美国陆军的航空全面重构计划将会对第三批次 AH-64 "长弓阿帕奇"攻击直升机进行全面投资。据陆军官员称,第三批次生产的 AH-64 "长弓阿帕奇"具有"科曼奇"早期初始型的大部分能力,如同样的火控雷达。

美国陆军的航空全面重构计划包括装备 3 种新飞机:采购 368 架新型武装侦察直升机来代替 OH-58D "基奥瓦勇士",采购 303 架新型通用直升机来取代老龄的"休伊"直升机,采购约 25 架新型固定翼运输机用于战区间运输。另外,还要增加 80 架"黑鹰"直升机和 50 架 CH-47 "支奴干"直升机。

陆军原来计划 2004—2011 财年花费大约 146 亿美元来研制和采购 121 架"科曼奇"直升机。现在,陆军利用这笔钱可以对其现有航空机队中的 801 架飞机进行升级,并采购 796 架新飞机。

尽管"科曼奇"下马了,但是它毕竟孕育了 21 年,采用了相当多的高新技术,这些技术有的已经成熟,如美军计划将"科曼奇"的光电传感器系统用于"阿帕奇"系列直升机上;还有一些其他技术也将应用在"阿帕奇"武装直升机上。或许"科曼奇"会巧借"阿帕奇"还魂呢!

LCA 战斗机是鸽子还是雄鹰

　　我国的歼 -10 战斗机飞上蓝天不久，我们就看到了印度媒体的一些议论，比如《印度斯坦时报》刊文说：中国歼 -10 只有单座和双座，而印度的 LCA 项目从一开始就包括研制单座型、双座型及舰载型，无论是武器系统，还是电子雷达系统，印度 LCA 轻型战机都和 JAS39 机型最先进的 C/D 型处于一个级别。印度的一些科学家宣称，LCA 拥有和欧洲联合战斗机同样的先进特性。《印度教徒报》的一篇评论则称，歼 -10 的服役不会威胁到目前印度空军在南亚上空的霸主地位。印度和俄罗斯联合研制的第四代技术战斗机计划在 2009 年首飞，届时印度将成为亚洲第一个装备第四代战斗机的国家。

我国的很多网友也对 LCA 表现出了极大的关注，不少网友根据自己对战斗机的了解和认识，在网上发表对 LCA 的看法。有的网友说：LCA 只是一只"鸽子"，和目前世界上已经装备的第三代战斗机不能比。也有的网友说，LCA 是印度自己设计的"雄鹰"，我们不能小看它。读者也许要问：LCA 到底是一种什么样的战斗机？为什么会有那么多人关注它？

✈ LCA "敏捷" 能超 "战隼" 吗?

LCA 离我们太近了，它出生在印度，所以我们有理由更关注它。LCA 是轻型战斗机的缩写，不过印度官方并不是这样称呼它，他们用"敏捷（Tejas）"（泰杰思）这个词来称呼这款新型的战斗机，"Tejas"在印

LCA Tejas

度语中有"光辉"的意思。印度提出要自己研制 LCA 是有原因的，有人说，印度 LCA 研制项目的启动得益于它的对手——巴基斯坦。20 世纪 80 年代初，巴基斯坦从美国获得了先进的 F-16A/B 型战机，这使印度十分恼火，巴基斯坦装备了 F-16，这就意味着印度在印巴空中力量的对比上不占绝对优势。这是印度绝对不能容忍的。印度军方发誓要研制一种全新的作战飞机，在性能上全面超越 F-16。

要超过"战隼"的确需要雄心壮志，印度具备了这样的雄心。可是研制一种全新的战斗机并不是有了志向就一定能够成功，"志大才疏"是无法胜任战斗机研制工作的。战斗机的关键技术是发动机，印度并不具备自己研制生产发动机的技术。怎么办？当然是买现成的。印度因此向美国通用动力公司提出了购买发动机的计划。1983 年，印度 LCA 轻型作战飞机项目正式上马。受国力及航空科技水平的限制，再加上飞机的很多关键部件都从国外引进，所以研制工作进展缓慢。

经过近 24 年的痛苦研制过程，LCA 终于飞上了蓝天。

人们不禁要问：如今的 LCA 到底超过"战隼"了吗？

印度人说：我们的 LCA 能隐身，F-16 却不能。LCA 是目前现役飞机中使用复合材料较多的飞机，而且它也是最小的战斗机。他们还说：在 F-22 和 F-35 加入现役之前，LCA 是世界上隐身性能最好的战斗机。LCA 机体的 40% 都采用了先进的复合材料，不仅有效地降低了飞机的自重和成本，而且大大加强了飞机在近距战斗中对高过载的承受能力。机体复合材料、机载电子设备以及相应软件都具有抗雷击能力，这使得 LCA 能够实施全天候作战。

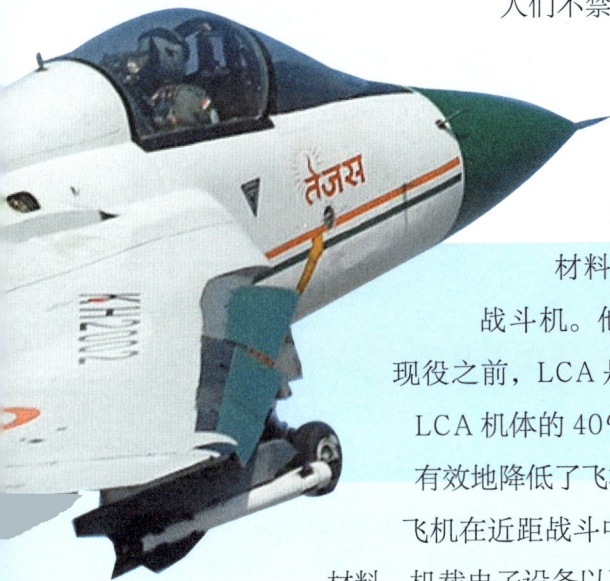

LCA 的绝大部分机身由高性能复合材料制造，即使是金属部件也采用铝锂合金和钛合金。从该机技术验证机的重量构成情况看，碳纤维结构和铝合金结构分别占机身重量的 30% 和 57%。在 LCA 的原型和序列化生产型中，这些比例还会有些变化，碳纤维结构和铝合金结构分别占机身重量的 40% 和 43%。值得一说的是，LCA 机翼的上部和下部蒙皮全部采用了复合材料（碳纤维增强型塑料），翼梁和翼肋也采用碳纤维材料（美国的 F/A-22 战斗机也采用的是这种设计方案）。碳纤维增强型塑料材料还用于升降副翼、安定翼、方向舵和减速板。与此同时，绝大部分机身蒙皮与起落架舱门也都由复合材料制成。应该说，这样的设计能够达到一定的隐身效果，在这一点上它也的确比 F-16 强。

笔者认为，LCA 的隐身是一种准隐身，或者说是假隐身，是一种不经意的隐身。LCA 的外形并没有采用隐身设计，由于其机体极小，大量采用复合材料，Y 型进气道可以部分遮挡住涡轮叶片，这样就使得 LCA 有了所谓的"隐身性能"。从这一点上来说，LCA 的隐身问题是要打很多折扣的。再说，拿 LCA 和 F-16 比隐身是没有道理的，因为 F-16 在设计之初就没有考虑隐身问题，再加上 LCA 的体积要比 F-16 小，雷达发现的距离自然就要远一些。如果我们再仔细看看 LCA 的进气道、尾喷口的形状

小小知识岛：飞机能飞多高——实用升限

飞行器达到的最大平飞高度叫做升限。当飞行器的飞行高度逐渐增加，空气密度逐渐降低，发动机的单位进气量相对减少。当飞行器达到一定高度，因推力不足只能在这个高度平飞。这个高度就是该飞行器的升限。

升限分为理论升限和实用升限，大部分飞行器是无法达到理论升限的，所以我们经常用到的是实用升限。

和垂尾的设计，对它隐身的效果就会产生更多的疑问。

再看看其他的几项指标，除了LCA的机动性可能会略好于F-16之外，在最大平飞速度、实用升限武器外挂等方面，它和F-16不可同日而语。如果说LCA比印度本国装备的米格-21略强的话，倒还说得过去。

✈ 特色鲜明的轻型战斗机

LCA同F-16相比肯定要败下阵来，但是我们不能因为它比不过F-16就忽视它的优点，毕竟F-16也不是按照战斗机的设计标准打造的。平心而论，LCA还是有很多值得我们研究和思考的地方。我们先来说说它的电子系统。

应该说，LCA的电子系统已经接近第三代战斗机的水平，有的甚至正在改装为第四代战斗机的设备。电子设备在现代化战机中起到举足轻重的作用。LCA采用了洛克希德·马丁公司的四余度电传自动飞行控制系统，实现了"手不离杆"操纵。LCA的"环境控制系统"为驾驶员提供了一个高度舒适的环境，同时向机载电子设备提供适度制冷；"飞行控制系统"采用了先进的四余度数字式线传飞行控制系统，具备极佳的可靠性和灵敏度。印度军方宣称，驾驶LCA将是一件十分轻松惬意的事情。

印度还从法国达索公司聘请30名工程师进行技术援助，LCA的座舱就是由法国人设计的，座舱里的显示系统由HUD、中视显示器和四块MFD-55液晶显示器组成。这个系统的综合能力还是相当不错的，它配备的"综合数字电子设备"由设备系统、管理系统、推进系统、电气系统及飞行控制系统共同组成，其核心是一个32位任务计算机，能够完成诸如飞行控制和机载设备自检等数据计算任务。任务计算机软件采用的是美国国防部ADA语言。LCA的精确导航及制导通过惯性导航系统及全球定位系统共同完成。该机装备有抗干扰无线电通信系统、先进的电子对抗设施、电磁和电光接收机／干扰机等电子战设备，为飞机提供了必要的"软杀伤"能力。

LCA 的雷达系统也是比较先进的，它采用的是爱立信的 PS-05A 雷达。爱立信公司也是"鹰狮"战斗机雷达系统的提供商。这部雷达很有特点，它是一种多功能雷达，具有探测、追踪、地形回避和制导武器发射等功能。在计算机系统的处理下，可同时进行扫描和追踪。脉冲多普勒使雷达具有俯视射击能力和地形绘制能力。地形测绘、频率捷变以及其他电子反干扰技术，使雷达系统完全能够满足现代空战的需求。这部雷达的工作模式包括远程搜索、多目标边扫边跟和近程宽角快速扫描，可以控制导弹和火炮。LCA 在对地面和海面攻击时，雷达可以扫描海面和地面目标，并完成搜索、截获、地形测绘和控制导弹发射等功能。LCA 的雷达系统对空中目标最大搜索距离达到 120 千米，可同时跟踪 10 个目标并具备同时与4 个目标交战的能力。不过由于 LCA 的机头比"鹰狮"战斗机要小，所以限制了雷达的天线尺寸，性能因此缩水很多。据说，现在 LCA 正在测试用相控阵雷达替换脉冲多普勒雷达。

LCA 虽然"身材瘦小"，但是它的武器系统并不弱，它是一个精确制导武器的发射平台。现代战斗机其实就是一个武器发射平台，评判这个平台的一个很重要的方面就是它能携带和发射什么武器，所以武器装备对于战斗机来说显得至关重要。我们来看看 LCA 有些什么武器。

LCA 的武器包括 1 门 23mmGSH-23 双管机炮，带有 220 发炮弹，射速 3300 发／min；两侧机翼下各有 3 个外挂点，机身下方有 1 个外挂点。为了进一步提高任务执行质量、增强武器系统的多功能性，飞机还可外挂电子吊舱和侦察吊舱，使飞机能够根据作战任务的需要，携带不同类型的导弹、炸弹、火箭弹去执行空对空、空对地及空对海作战任务。

LCA 可以携带以色列生产的"德比"中距弹和"怪蛇 4"格斗导弹，这两种导弹都采用同种弹体搭配不同的导引头。"怪蛇 4"近距空空导弹是一种大离轴角近距空空导弹，装有数字式自动驾驶仪，其气动设计使它能

LCA Tejas

做 70g 的机动，重量 105kg，采用双波段红外制导系统。"怪蛇 4"的特点是控制面很多，它的高机动性是通过 18 个气动面的协调工作而实现的。从弹头往后是 4 个固定的前翼，同样数目的俯仰 / 偏航 / 滚转翼，2 个水平方向的全飞行副翼，4 个固定的逐渐变窄的边条，它的作用是产生升力并为弹体提供结构刚度，特别是在飞行末期推进剂燃尽再也不能增加导弹的刚度时更为重要。尾部组件上有 4 个固定弹翼，这个尾部组件一旦在发射时由两个掣子松开，就可在滚转方向自由旋转。"德比"导弹的长度为

3.8m，直径150mm，翼展为500mm，重量118kg。动力射程60千米。其采用了惯导 + 末主动雷达导引方式。由于"德比"导弹没采用指令修正的辅助制导手段，所以它的远程能力受到限制。

在执行对地攻击任务时，LCA还可以推带以色列的利特宁吊舱。这个吊舱装备有前视红外跟踪系统、激光测距 / 照射系统、捷联惯导系统等，对坦克大小的目标跟踪距离可达20千米，配备的武器包括法国激光制导炸弹和AS30空地导弹。目前利特宁吊舱已经用于苏－30MKI战斗轰炸机。

小小知识岛：飞机真的可以自动驾驶吗？

自动驾驶仪是通过模仿驾驶员的动作驾驶飞机的，它由敏感元件、计算机和伺服机构组成，其作用主要是保持飞机姿态和辅助驾驶员操纵飞机。当飞机偏离原有姿态时，敏感元件检测出飞机的变化，计算机算出修正舵偏量，伺服机构将舵面操纵到所需位置，对无人驾驶飞机，它将与其他导航设备配合完成规定的飞行任务。导弹上的自动驾驶仪起稳定导弹姿态的作用，故称导弹姿态控制系统。

1914年，美国人斯派雷制成了电动陀螺稳定装置，这是自动驾驶仪的雏形。20世纪30年代，为减轻驾驶员长时间飞行的疲劳，飞机开始使用三轴稳定的自动驾驶仪，用于保持飞机平直飞行。50年代，科学家通过在自动驾驶仪中引入角速率信号的方法制成阻尼器和增稳系统，改善了飞机的稳定性，自动驾驶仪发展成飞行自动控制系统。50年代后期，又出现了自适应自动驾驶仪，它能随飞行器特性的变化而改变自身的结构和参数。现代自动驾驶仪已广泛应用于飞机，而且一般都是数字式自动驾驶仪。机载计算机能够确定最佳飞行路线，包括爬升和下降等，并对油门和各控制翼面发出指令。各种先进的显示屏幕取代了种类繁多的仪表盘，直观地显示出沿途检验点和飞机航向等信息。

LCA 具有精确的目标识别能力。传感系统确保了飞机的预警性能，隐身能力使得 LCA 在与对手战斗中占据优势，超音速飞行及先进的雷达系统给予了 LCA 超视距攻击能力。高机动性以及自如的操纵能力，加上数字化电子座舱及武器系统平台，即便是在高速转向时，飞机依然具有极佳的瞄准及射击能力。

LCA 的机身和机翼内都布置了油箱，机翼和机腹下可以挂载 1200L 和 800L 的副油箱。值得一提的是 LCA 配有空中受油装置，提高了它的续航力。

不少国际军事观察家认为，LCA 的确不失为性能优良的轻型战斗机。

艰难的起飞，暗淡的前景

印度国防部航空发展署不久前宣布：第一架现代化的多用途轻型战斗机 LCA 将于 2007 年中期交付印度空军使用。届时，印度的 LCA 将成为亚洲所有国家中空军装备的最小型现代化多用途喷气战斗机。

如果真的能像印度国防部航空发展署宣布的那样按期交付，LCA 从项目上马到装备部队，经过了整整 24 年的时间。24 年对于一种战斗机来说是一条漫长的路，但是对于一个航空工业薄弱的国家来说，这个时间并不算太长。

印度当然知道自己国家航空工业的水平，为了加快研制 LCA 的步伐，印度政府动员全国 320 多个科研院所、工厂企业乃至私人研究机构，不惜动用本来就不多的外汇储备邀请英国 BAE 公司、法国达索公司和德国 MBB 公司担当技术顾问，终于使骑虎难下的 LCA 项目恢复了进度。印度采取"拿来主义"，很多部件都是从国外直接买来的：LCA 的电传操纵系统采用美国莫格公司的零件，电传操纵系统的关键技术是利尔·西格勒公司的；任务计算机和导航设备由霍尼韦尔公司提供；从本迪克斯公司"拿来"座舱显示、刹车、液压技术；电子综合化技术由诺斯罗普公司提供；F404 发动机是通用电气公司的。

LCA 的全尺寸工程研发第一阶段直至 1993 年 6 月才开始实施，印度政府为该阶段研制工作投入了 218.8 亿卢比。LCA 的第一架技术验证机（编号为 TD1，制造序列号为 KH2001）于 1995 年 11 月 17 日出厂。此后，该机的研制工作又因技术难题和政治原因，经历了无数次的延迟，导致首次试飞一直推迟至 2001 年 1 月 4 日。LCA 的几个关键子系统和部件，包括最值得关注的线导飞行控制系统，都要从美国引进。由于美国政府针对印度 1998 年进行的核试验而实施武器禁运，美国禁止向印度出售 F404-F2J 发动机，为此 LCA 的试飞和部署计划不得不再次推迟，使 LCA 的研制遭受沉重打击。印度只好向俄罗斯求助，后者向印度提供了 GTX-35V 型发动机。

全尺寸工程研发的第二阶段于 2001 年 11 月开始实施，第二架技术验证机（编号为 TD2，制造序列号为 KH2002）于 1998 年 8 月出厂，并于 2002 年 6 月 6 日首次试飞。LCA 的试飞计划至此开始取得进展，但在经过长时间延迟后，该计划的进度已远远落后于最初设想，直到 2004 年 1 月初才总共完成了 140 次试飞。试飞工作中取得的一项重要成绩（在更大程度上是一种心理安慰而不是技术成就）是 1 号技术验证机于 2003 年 8 月 1 日完成了首次超音速试飞，同年 11 月 27 日 2 号技术验证机在其第 66 次试飞中也达到了 1.1M 的飞行速度。

在两架技术验证机制造完毕后，该项目继续研制 5 架原型机。编号为 PV1 的第一架原型机于 2003 年 5 月 4 日出厂，编号为 PV2 的第二架原型机于 2004 年初完工。这些原型机在性能上更接近于制造型飞机，如 PV2、PV3、PV4 的机身重量减轻了 746kg，采用了性能更为先进的飞行控制软件，安装了空中受油管，并可能改装了性能更为先进的雷达。其中有 2 架原型机分别按单座和双座舰载型的设计方案进行制造，另外 3 架原型机是基本型，即为印度空军制造的单座型。

按照研制计划，所有原型机（很可能还包括所有第一批共30～40架序列化制造的LCA）都将安装F404发动机。通用电气公司向印度提供了一种专为"敏捷"战斗机研制的功率更大的F404改型发动机，该发动机编号为F404-GE-IN20，加力推力为89.1KN。这种新型发动机使用了F404发动机RM12型的某些部件，RM12由沃尔沃公司所属发动机厂为瑞典"鹰狮"战斗机研制，其全权限数字式电子控制系统与美制F/A-18E/F"超级大黄蜂"战斗轰炸机采用的F414发动机的同类装置相似。随后，几经计划延期和技术延误之后，第二架LCA原型机在班加罗尔进行了飞行试验。

近来从印度传出了这样的消息：印政府正在从国外寻找适当机种用以替换LCA。这表明LCA计划的前景潜伏着危机。印度工业界部分人士认为，LCA项目不断的拖延主要是政治因素而非设计上的原因。一位工业界人士说：LCA计划受政治驱动，它将继续为政府官员提供就业机会，并将

印度LCA战斗机

无限期地继续下去。印度国防部长费尔南德斯曾经信誓旦旦地说：印度将在 3 年时间内生产该型战斗机，装备印度空军和海军。他还声称鉴于印度将在 4 ～ 5 年内实现俄罗斯苏 –30MKI 战斗机的国产化，LCA 将会和其他战斗机一起为印度构成一支强大的空中力量。

虽然印度人自诩他们正在研制的"敏捷"轻型战斗机是世界上最小也是最便宜的轻型多用途战斗机，但是 LCA 与其他国家近年来纷纷出世的三代半战斗机甚至是一些第三代改进型战斗机相比，还有很大区别。比如，LCA 的电子设备来源于多个国家，而印度又很缺少整合这些电子部件的能力，这就给 LCA 留下了整体设备不稳定的隐患。LCA 的外形设计实际上牺牲了机动性能，大三角翼不适合短距起降，这就使其战地生存性能大打折扣。还有，隐身功夫先天不足，LCA 的机体设计早在 20 年前就已经定型，虽然几经修改，但主体设计已经无法改进，比如 LCA 的武器采用外挂方式必将增加雷达反射信号，不利于战斗机的隐身作战。受到机体

小小知识岛：LCA 参数一览

LCA 是单座、单发全天候多功能轻型战斗机

机型：通用型，海军型，双座教练型

翼展 8.2m，机长 13.2m，机高 4.4m

飞机空重：5500kg

实用升限：15240m

正常起飞重量：8500kg

最大外挂重量：4000kg

最大飞行速度：1.6Ma

的限制，LCA 的火控雷达探测距离小，难以进行超视距空战，不符合 21
世纪先进战斗机的作战性能要求。LCA 在公认的"4S 标准"（即超音速巡
航、超过载机动、超视距空战和隐身功能）中没有任何优势，这种"问世
即落后"的战斗机对于印度空军来说无异于鸡肋，弃之可惜，留之犹如累
赘，这使印度空军很无奈。

　　LCA 究竟会成为印度空军的"鸽子"还是"雄鹰"？相信读者看了本
文的介绍会得出自己的结论。

07

空战演习印军取胜美军 的"谜中之谜"

印度空军与美国空军在 2004 年曾经进行了一次空战演习，在这次演习中，美军的王牌战机 F-15"鹰"兵败蓝天。我们现在就来回顾一下 F-15 兵败蓝天的过程。

"对抗印度 2004"演习的内容主要是空战识别训练（DACT），包括视距内导弹攻击、远程目标锁定、无线电干扰和空中格斗等课目。首先出场的是美国空军的上尉飞行员。这位飞行员有超过 1000h 的飞行经验，他认为自己驾驶的 F-15C 战斗机装有先进航空电子设备，完全能够克制印度 SU-30MK 战斗机的机动性。从性能上看，F-15C 完全有

F-15

能力战胜对手：F-15C 装备的预警系统（AN ／ APG-63 机载雷达、AN ／ ALR-56 雷达照射预警系统、REBAN ／ ALQ-128 多模式系统）能够更早地探测到对方，为其决策、瞄准和发射导弹赢得宝贵的时间，从而使 F-15C 占据空战优势。

印度空军出场的是一位少校飞行员，他驾驶着一架 SU-30MK 战斗机。

演习开始了，印度空军少校驾驶着 SU-30MK 首先飞上了蓝天，美国上尉紧接着也驾驶飞机飞上了天空。战斗一开始，SU-30MK 便以最大加力状态急速上升转弯，轻松甩掉了 F-15C，并且在转到 180°时，SU-30MK 转守为攻，咬住了 F-15C。转到 200°多时，SU-30MK 成功地占据了 F-15C 尾后的有利攻击位置并锁定了目标，这时，F-15C 战斗机的飞行员完全丢失了目标机，最后不得不求助于地面截击引导员来确定 SU-30MK 的位置。当得知 SU-30MK 正在自己尾后时，F-15C

慌忙机动飞行，试图摆脱攻击，但终究没有逃脱"被击落"的命运。

为什么 SU-30MK 能够顺利"击落"F-15C？其中的秘密在哪里呢？

谜底之一就是印度少校在飞行中根本就没有开启机载雷达，而使用"苏-30MK"的机载光电系统，这一点使得他可以神不知鬼不觉地逼近美军飞机，实施近距离攻击。

在空中战斗中，印度空军的 SU-30MK 使用了雷达。根据印度空军指挥部的报告统计，美机被印度空军战斗机"击落"不下 20 架次，这个结果表明印度"苏-30MK"的雷达系统优于美方 F-15C 战斗机。SU-30MK 的机载雷达能够先于对手捕获 F-15C 战斗机的信号，即便 F-15C 在 60 千米外并处于山幕背景的掩护之下，SU-30MK 也能先于对手发现它的身影。可是由于山体造成的多次反射，F-15C 的雷达在同等情况下是"看不见"对手的，从而使美军 F-15C 战斗机的雷达根本无从辨识山体前的目标。

谜底之二是参加这次演习的美空军 F-15C 战机没有装备最新型的远程主动电子扫描雷达（AESA）。这是"鹰"败蓝天的一个重要原因。尽管美国已经有一些 F-15C 战斗机装备了这种雷达，但是考虑到安装这种雷达需要携带特别的维修保养设备来对其进行维护，所以美国空军当时没有派出装备该型雷达的 F-15C 战机参演，当然这里也有保密方面的原因。美军派往印度参加演习的 6 架 F-15C 只装备了战斗机数据链和短程 AIM-9X 热寻的空空导弹，飞行员则装备了美国的头盔瞄准系统。机载设备美军略输一筹。

谜底之三是在"对抗印度 2004"演习中，美国同意以 1 比 3 的战机兵力对比进行演习。也就是说，美军出动 1 架战斗机，而印军可以出动 3 架，而且美国空军的战斗机不使用 AIM-120 远程空空导弹的全部性能，F-15C 战斗机也不使用该型空空导弹的主动寻的雷达，该型导弹射程也被设定为 32 千米，而且需要使用 F-15C 战机机载雷达对其进行制导。但是在实际作战应用中，AIM-120 的射程可达 100 千米，也不需要 F-15 战斗机的机载雷达引导，可以"发射后不管"。F-15C 战斗机的标准战术是用两架装备远程主动电子扫描雷达的 F-15C 和另两架没有装备这种雷达的 F-15C 混合编队，装备远程主动电子扫描雷达的 F-15C 首先使用远程导弹攻击优势兵力的敌机编队，然后再进行近战。

谜底之四是通过"对抗印度 2004"演习，美国空军发现 F-15C 战机的雷达反射区较大，这一缺点增加了 F-15C 被 SU-30MK 空空导弹击中的概率。事后，美军的一位战术研究专家提出 F-15C 的红外信号是绝大多数战斗机的 3 倍以上，也就是说 F-15C 很容易被对方的红外探测装置捕捉到。印度空军当然知道 F-15C 的这个缺点，所以印度的苏

小小知识岛：经常听到"发射后不管"，这是怎么一回事？

"发射后不管"是指导弹有自主引导能力，不需要外界的支持，便会自动跟踪，打击目标，不用发射后再去控制。

按照引导方式的不同，精确制导方式可以分为自主式制导、寻的式制导、遥控式制导以及采用两种以上方式的复合制导。其中，自主式制导和部分寻的式制导都具有发射后不管的能力。自主式制导完全依靠导弹自身设备，能够自主地按预定方案完成制导任务，主要包括惯性制导、图像匹配制导、打击固定目标的 GPS 制导等。这类导弹的命中精度相对较低，无法实现对移动目标的精确打击，所以一般只能用于攻击固定目标或已知运动轨迹的低速目标。目前战略导弹如核弹都是采用这种制导方法。

主动寻的制导和被动寻的制导也都具有"发射后不管"的能力，而半主动寻的制导则需要外界照射源的支持。遥控式制导是由设在导弹以外的制导站控制导弹飞向目标的制导方式。导弹发射后，需要依靠制导站不断跟踪目标，控制飞行中的导弹，所以发射后仍需要有人管。一般而言，发射后不管的导弹具有自主截获目标的能力，但命中精度比较低。今后制导技术的发展方向正是"发射后不用管"的精确制导技术。

-30MK 飞行员都是在被动模式下（不开启雷达）执行任务。

在这次演习中还有一点引起了外界的注意，演习中印方和美方的飞行员在各自雷达系统的辅助下，几乎是同时发现对方，然而印方多半能够率先开火，赢得战斗。

在"对抗印度 2004"的空战演习中，美国以 4 架 F-15C 战机为一编队来对抗由 12 架印军战机组成的编队（机型包括幻影 2000、米格 -21、SU-30、米格 -27，其中 SU-30、幻影战机用于空空作战，米格 -27 用于对地攻击、米格 -21 提供掩护）。印度空军还使用了模拟空中预警机平台和 AA-12、法国"米卡"等主动寻的雷达，这就使印度空军战机拥有了参演美军战斗机所没有的"发射后不管"的空战导弹能力。而在实际空中作战中，这种情况是不会出现的。

美军兵败蓝天的另一个谜底就是美国空军试图说服国会批准空军购置 F-22（F/A-22）"猛禽"战斗机以替代 F-15 战斗机的计划。贬低旧式装备的性能，最令人信服的办法就是演习结果。这也是美军在"对抗印度 2004"演习开始之前，强烈要求印度出动 SU-30MK 的原因。因此，我们也不难理解美军煞费苦心披露 F-15C 不敌 SU-30MK 的实情。这当然

印度 SU-30MKI

只是笔者的一个猜测，或许这将成为印军取胜的"谜中之谜"。

✈ 印度空军的苏-30到底怎么了？

印度是购买俄罗斯战斗机的大国，在 20 世纪末，印度从俄罗斯买来了不少战斗机，其中有米格战斗机，也有苏霍伊设计局研制的苏-30 战斗机。可是，就在苏-30 战斗机进入印度不久，各种负面消息不断传来。

在印度空军举行的一次名为"空中力量"的军事演习中，苏-30 首当其冲披挂上阵，神气十足地飞上了蓝天。可是就在这次演习中，神气活现的苏-30 战斗机多次"击落"了自己的同伴，究其原因是苏-30 的机载雷达探测精度和识别目标能力不足，关键时刻"敌我不辨"，常常把同伙当成了敌人。印度空军只好下令：苏-30 的飞行员必须在眼睛能够看到并且识别出目标的情况下开火。印度空军飞行员就此提出疑问：苏-30 战斗机的雷达号称最大探测距离 240 千米，最大跟踪距离 185 千米，可是机载雷达还不如我们的眼睛，这样的战斗机还能不能作战？

其实，让印度空军最恼火的并不是雷达问题，战斗机的"心脏"出问题才是最可怕的。2003 年 9 月，在一次飞行结束后的例行检查中，印度空军的机务维护人员发现有数架苏-30K 战斗机的发动机叶片出现严重裂痕，随后，印度空军立即宣布停飞苏-30 战斗机。这是苏-30 战斗机在全球范围内第一次停飞。就在这次苏-30 战斗机停飞之后不久，印度空军的一位官员向外界公布说：我们购买的俄罗斯苏霍伊设计局研制的苏-30MKI 多用途战斗机出现了发动机方面的问题，目前空军所使用的 28 架苏-30 都有问题，需要提前

开始大修，这一问题的出现迫使我们考虑放慢原定从俄罗斯接收其他苏—30MKI 的进度。

这一次又是发动机出现了问题。也许有人要问：印度空军的苏—30 战斗机的发动机到底出了什么问题？说起来其实很简单，这两起发动机故障的其中一起是印度空军第 24 战斗机中队装备的苏—30K 战机在平均飞行700h 后，引擎叶片出现裂痕，如不修理，将有机毁人亡的可能。后来印度空军发现苏—30MKI 飞机发动机的表现更是糟糕，故障率相当高，平均飞行 300h 后发动机就会出现故障，飞行员们还反映苏—30 战斗机在加速飞行状态和垂直爬升时机身有剧烈震动现象。这样一来，地勤人员就不能按照原来的要求时间进行大修，只能不定期进行大修。

面对如此严重的发动机故障，印度空军参谋长克里希纳斯瓦米上将不得不亲自出马，赴俄罗斯进行紧急访问，同俄方就印度苏—30 战斗机的重大安全问题进行磋商。

面对印度空军的种种指责，俄罗斯方面解释说：如果是在正常条件下使用，发动机在担保寿命期内不会提前报废，也不会导致飞行中各种故障现象的发生。俄方还解释说，发动机出现问题是因为南亚地区的天气干旱炎热，对发动机的工作有很大影响，而且印度空军飞行员使用苏—30 进行飞行训练时强度太高，频繁在训练中演练垂直爬升以及空中"眼镜蛇"动作。更重要的是，印度空军的地勤维护工作不到位，在使用维护发动机时比较"粗暴"，使发动机寿命降低。

对俄罗斯人这样的说法，印度空军参谋长克里希纳斯瓦米愤愤不平：刚开始俄罗斯人说我们的飞行员缺乏训练而无法驾驭苏—30，现在又说我们的训练强度过高而把飞机搞坏了，看来苏—30MKI 只有待在机库里才最保险！说到地勤的维护问题，印度军方也深不以为然，印度空军的将军们说，与苏—30MKI 同样精密的"幻影"2000 已经在印度空军部队中服役多年，却从未出现这些问题。争论的结果是俄罗斯不得不派出专家帮助印度解决问题。

随后，印度又从俄罗斯接收了安装有推力矢量喷管的苏－30战斗机，这对印度空军来说多少是一种安慰，毕竟装备这种有推力矢量技术的战斗机的国家还不多。可是新的问题又来了，俄罗斯方面声称，这种安装推力矢量喷口的苏－30战斗机使用时间可以达到260～500h，可是印度空军的飞行员使用这种战斗机只飞行了20多个小时，就必须更换推力矢量喷口，这与俄罗斯方面声称的可用时间相去甚远。

面对苏－30战斗机出现的种种问题，印度空军不得不重新审视从俄罗斯进口的这些苏－30战斗机。他们发现苏－30战斗机的问题还有很多，如攻击能力不强，苏－30战斗机都没有配备"发射后不管"弹药。有的飞行员说，"苏－30是三代战机，使用的是两代半的机载武器"。还有，苏－30的雷达特征十分明显，也就是说，对方的雷达很容易发现它，没有一点隐身能力。苏－30的雷达截面积10m^2，相比之下，美军的F/A-18E/F"超级大黄蜂"的雷达截面积只有1.19m^2。

尽管苏－30战斗机的问题多多，但是对于印度来说，这种战斗机的机动性和操控性等方面还是有很多诱人之处，是一种"买得起，用得起"的战斗机。总的来说，印度空军还是很钟爱苏－30战斗机。

08

"猛禽"能变型吗

　　F-22"猛禽"战斗机是美国空军中刚服役不久的战术战斗机，也是世界上服役最早的第四代战斗机。2002年9月底，从美国五角大楼传出消息说：美国国防部长计划将F-22改型为F/A-22。这就意味着F-22将具备对地攻击能力。

　　F-22要变型的消息还不止这一个，早在2002年初就有消息说：美军计划使用F-22为原型研制一种无尾轰炸机，甚至这种轰炸机的编号都计划好了，叫做FB-22。这种轰炸机的研制费用要比"另起炉灶"研制全新型的轰炸机低很多，并且可以更早进入部队服役。

看来，F-22 真的成了"变形金刚"，要身兼数职：战斗机、战斗 / 攻击机、轰炸机。那么 F-22 到底要怎样变型，变型后是什么样子？我们来仔细看一看吧。

"脱胎换骨"说 F/A-22

也许有人要说，美国空军的很多战斗机都具备对地攻击能力，再增加一种 F/A-22 也没什么值得大惊小怪。

其实不然，我们知道"猛禽"战斗机作为第四代战斗机，在设计之初就把隐身性能和超音速巡航性能作为重要的指标来设计，而没有把它作为多用途战斗机来设计。你看，它的机翼是蝶形的，进气道是菱形的，垂尾外倾 29° 并采用全动平尾，这些特点使 F-22 的隐身性能和机动性得到了很好的结合，而这些都是为了空战而考虑的。在 F-22 设计之初，美军的武器专家就提出：要想在 21 世纪保持空中优势，飞机必

F-22A

须保证既能有效地进行超视距作战，同时又可以有效地进行近距离的空中格斗。在未来空战中，敌我双方都希望在对方视野范围之外进行攻击。但事实表明，任何一场空战，敌对双方最终都会出现在对方的视野之内。在这种情况下，隐身性就不能成为优势了，而机动性却显得尤为重要。F-22把空战作为最主要的任务，它的武器都是围绕空战来设计的，而对地攻击的武器几乎没有考虑。

如果你仔细观察就会发现，F-22的机身外面几乎看不见任何外挂架，这也是为了适应它的隐身性能而设计的。其实，F-22的外部可以有4个挂架，只是"平时看不见，偶尔露峥嵘"。可是，要使它具备对地攻击能力，就需要在它的机身和机翼下面增加外挂架，因为它的机身里面主要是对空武器，不能装载对地攻击武器。这样一来，问题就出现了：增加外挂架，隐身性能就会大打折扣。人们一定记得F-117在打开弹舱门投弹时，它的隐身性能几乎丧失殆尽，这实在是一个严重的教训。F-22良好的隐身性能也会因为外挂架的增加而大打折扣。所以要想让F-22变成F/A-22还需要做大量的改装工作。

除此之外，虽然F-22的雷达系统具备了下视/下射能力，可是它的火控系统并不具备完好的对地攻击能力。比如，F-22的外部有4个挂架，可以挂载2268kg的弹药，可是作为对地攻击战斗机来讲，这些弹药就显得远远不够。相比之下，F/A-18的外部挂架可以挂载7710kg的弹药，F-22的外挂武器只是F/A-18的1/3，作为一种21世纪的对地攻击武器平台，这样的能力显然是不够的。

要想让F-22具备良好的对地攻击能力，火控系统也要进行大的改进。看来要让F-22变成F/A-22还需要有一个过程，并非加上对地攻击武器就行。所以美军中有人立即提出了不同意见：对地攻击我们已经有了A-10、F/A-18、F-15E等，还有必要让F-22再担当这样的任务吗？

五角大楼中的人立即出来解释说：第四代战斗机对地攻击能力不强，就不能称之为真正的第四代战斗机，从近几年的战争中可以看出，战斗机的对地攻击能力显得日益重要，不重视战斗机的对地攻击能力是没有远见的。

看来"猛禽"的变型并非是一种简单地增加对地攻击能力，它也折射出战斗机未来的一个发展方向。美军的这场争论也许还要进行下去，"猛禽"的变型并非"摇身一变"，它要经过一个"脱胎换骨"的改造。

"留头去尾"的FB-22

美军在研究下一代远程轰炸机方案的时候，提出了多种方案，如下一代轰炸机的"高超音速"方案和"空天轰炸机"方案。还有人提出用

FB-22

F-22 改型研制成 FB-22 轰炸机，这个方案一经提出，立即引起了多方关注，不少人认为这个方案的可行性比较大。

F-22 是一种真正的革命性的战斗机，虽然从表面上来看它很平常，与一架 F-15 战斗机一样平淡无奇，但是它的机体表面却与 F-15 有很大差别。F-22 的表皮覆盖了导电金属层，就是这层看似普通的蒙皮却可以防止雷达波穿透，使它具有很好的隐身效果。

其实真正要让 F-22 变成 FB-22 难度并不小，好在美军有将战斗机成功变型为战斗轰炸机的经验：在美军的航空兵器中，曾有过一种 FB-111 战斗轰炸机，这种战斗轰炸机是用 F-111 战斗机改造变型之后研制的。FB-111 是改进的比较成功的一种轰炸机，这为美军今后使用战斗机改型轰炸机提供了很好的范例。

FB-111 是使用 F-111A 的机身和 F-111B 的机翼改进而成的轰炸机。改型后的 FB-111 曾经成功地参加了 1986 年美军对利比亚的环球大轰炸。那一次，FB-111 经过多次空中加油，准确地轰炸了利比亚的兵营。1992 年 FB-111 开始退役，如今，在美军中已经看不见 FB-111 的身影。

将 F-22 改造成 FB-22，多少受到了 FB-111 改型的启发。FB-22 改型计划使用 F-22 的成熟技术，采用 F-22 的机头和机身，只是将机身略微加长，使 FB-22 在高速飞行时的波阻减小。FB-22 的尾部做了很大的改进，去掉了 F-22 的垂尾和平尾，减轻了飞机的重量，减小了迎风面积，使阻力减小，增加了飞机的航程。

FB-22 使用无尾布局，这样它就要使用三角翼，三角翼的后掠角为 65°，无尾三角翼布局可以大大减小 FB-22 的侧面雷达反射截面积，使它能够拥有较好的隐身效果。"留头去尾"后的 FB-22 就变成了一种完全新型的战斗轰炸机。

"留头去尾"是 FB-22 外形上的特点，它的"五脏六腑"也要有一番变化。比如 FB-22 武器舱的容量要扩大，它的武器舱设在机身里面，机身要加长 3m 以上，武器舱可以串列挂装两枚"杰达姆"炸弹，也就是人们常说的"联合直接攻击弹药"。串列挂载武器是 FB-22 的另一大特点。FB-22 的武器舱还可以容纳 AIM-120 空空导弹，在它的机身上，人们将看不到任何机炮，因为原来装在 F-22 上的一门 20mm 长管机炮被取消了。

现在虽然还不能确定 FB-22 的速度会多快，也不能确定 FB-22 是否能够进行超音速巡航，但是已经知道 FB-22 将换装 F-35 的发动机，因为这种发动机比 F-22 使用的发动机的推力大，这种发动机的编号为 F135/F136。F-35 的发动机在进行亚音速飞行的时候，效率更高，更重要的是它的价格比 F-22 的发动机便宜。减少成本是研制下一代轰炸机时不能不考虑的一个因素。

FB-22 作为轰炸机能携带多少武器和弹药呢？这是人们很关心的问题。FB-22 可以携带 30 枚小直径炸弹，或者 6～8 枚 450kg 的"杰达姆"，也可以同时携带"杰达姆"和小直径炸弹进行对地攻击。对面（地

小小知识岛：战斗机的"回马枪"

战斗机向后发射导弹，攻击对方的飞行器，就是战斗机的"回马枪"。

战斗机上的攻击武器理所当然的都是向前发射，要让空空导弹向后发射杀"回马枪"谈何容易。专家们想出了两种办法：一种是导弹向前发射，然后导弹再调转方向，向后攻击；另一种办法是，导弹在发射时加上旋转 180°，弹头向后再发射。这两种办法都叫"越肩发射"。

战斗机向后发射导弹又叫"越肩发射"，这个名字很形象。战斗机向前飞，导弹向后发射，自然要越过战斗机的"肩膀"，所以称为"越肩发射"。

有航空武器专家这样说：21 世纪的战斗机如果不具备"越肩发射"能力，那它就不是一种真正的新世纪战斗机。甚至有的武器专家说："越肩发射"是 21 世界战斗机的重要特色。

面、海面）武器有激光制导炸弹和自动攻击系统子母弹投放器，对空武器主要有先进中距AIM-120空空导弹。FB-22携带的武器种类要比F-22多。从它携带的对空武器上来看，我们知道FB-22对于战斗机的护航依赖将会减小，遇到空中拦截FB-22可以应付自如。由于它的速度快、耗油少、油箱容量增大，使它的内部燃油达到16000kg，航程自然相应增大，这使它对加油机的依赖也会减少。

FB-22的电子设备要比F-22更上一层楼。F-22没有装备合成孔径雷达，而FB-22将安装合成孔径雷达，并且还将安装更先进的座舱显示器和核心处理器。

我们不妨将FB-22和F-22作一个简单的比较，大家就会看出FB-22的一些蛛丝马迹来。

小小知识岛：F-22与FB-22的参数比较

作战半径：
    F-22：2170m   FB-22：2500m（根据携带的武器不同略有变化）
实用升限：
    F-22：18000m   FB-22：18000m
最大起飞重量：
    F-22：36300kg   FB-22：45000kg
内部燃油：
    F-22：8323kg   FB-22：16000kg
翼展：
    F-22：13.56m   FB-22：14m
机长：
    F-22：18.92m   FB-22：20m
最大巡航速度：
    F-22：M1.7   FB-22：M1.5

现在，FB-22 轰炸机的项目还在"孕育"之中，美国空军对未来的轰炸机方案并没有表态。不过，有军事专家分析说，FB-22 项目很有可能成为美国空军下一代轰炸机的替代方案，因为它的研制费用最低，项目比较成熟，进入服役的时间最早，因此它的竞争力是最强的。

F-22"猛禽"将来还要面临变型的可能，因为 F-22 是一种比较成功的隐身战斗机，它给世界航空领域带来的冲击是巨大的，它的研制也是比较成功的，在 F-22 的基础上进行修修改改是一种非常省时省力的办法。我们拭目以待，看看它还会怎样变型吧！

"猛禽"是这样诞生的

任何一种兵器的诞生都经过了一段十分隐秘的研制阶段。研制中的武器最神秘，因为人们无法看清它的真面目，而军用飞机的研制又最具神秘色彩。

1991 年 4 月，中央电视台的新闻联播节目播出一条消息：美国空军决定购买洛克希德公司生产的一种新型先进战斗机 YF-22（美军通常把正在研制中的飞机代号前冠以 X 或 Y）。YF-22 有些什么先进之处？在研制 YF-22 的过程中，又有哪些激烈的竞争？美军为什么选中 YF-22？让我们揭开蒙在 YF-22 身上的神秘面纱，看一看它是怎样出世的。

早在 20 世纪 80 年代初期，美国五角大楼就制定了"ATF 计划"。ATF 是"先进战术战斗机"（Advanced Tactic Fighter）的缩写。这个计划要求新一代"ATF"能够对付前苏联空军的米格 -29 和苏 -27 带来的空中威胁。

五角大楼宣称："ATF"将是 20 世纪最后一种新型的战斗机，也将是 21 世纪的战斗机。这种战斗机在可靠性上要比现今装备的先进战斗机高一倍以上，而维护费用仅是后者一半，将使美国空军在 21 世纪的全球范围内夺取空中优势。

"ATF计划"办公室主任费恩空军准将把这个计划简要地归结为5点：隐身性能、高机动性、远距离、大载弹量、无需加力即可超音速巡航飞行。美国空军初步计划购买750架这种新型战斗机，而美国海军也计划购买约500架，打算将这种飞机改装后，作为海军航空兵换代的战斗机。这对于美国的飞机厂商来说，意味着将有700亿美元的买卖可做，实在太诱人了！

"ATF计划"刚一出笼，立即就有7家航空制造公司投标。美国一家科技日报的记者撰文说：竞选ATF，是美国除了竞选总统之外的最激烈的竞争之一。出人意料的是，五角大楼并没有像以往那样指定一家公司研制，而是脚踏两只船：以洛克希德公司为首，由波音公司、通用动力公司组成的研制小组负责YF-22A原型机；以诺斯罗普公司为首，麦克唐纳·道格拉斯公司参加的研制小组负责研制YF-23原型机。合同规定，两种飞机各研制两架，每种原型机中，一架装YF-119涡扇发动机，另一架装YF-120涡扇发动机。4架原型机对比试飞后选出优胜者。选中的新型机计划1996年投产，每年生产50架左右。2000年前后形成初步作战能力。

诺斯罗普公司信心十足，因为这家公司刚刚为美国空军生产了举世瞩目的B-2隐身轰炸机，自认为有十分的把握击败对手；洛克希德公司也不甘示弱，因为他们曾为美国空军生产了F-117隐身战斗机，这种战斗机曾在几次大规模的军事行动中使用，颇受五角大楼的青睐。这两家实力雄厚的公司曾经在航空领域中有过多次合作的经历，然而这一次却要使出浑身解数，拼个你死我活。

竞争一开始诺斯罗普公司就占了上风。他们于1990年7月率先在美国爱德华兹空军基地进行了YF-23A型战斗机的低速滑行试验，随后又于8月底进行了首次试飞。到1991年2月底，YF-23A一共完成了50架次65个飞行小时，在第四次试飞中，YF-23A还进行了空中加油飞行。其中1990年10月31日这一天，YF-23A进行了超强度试飞，一天飞行了

6 个架次。

YF-23A 的两翼是截尖型三角翼，尾翼是蝶状布局，两个垂直尾翼向外倾斜 45°。颇为奇怪的是，机翼的前缘与水平尾翼的前缘相互平行。如果测量一下它的翼展和机身的长度，你就会发现机身长度比翼展还要长。向机头的上方望去，一个贝壳形的座舱高居于机头之上，它为飞行员提供了广阔的视野。两台发动机装在远离座舱的后机身内，方形的进气道在机身下张着两个大口。远远望去，整架飞机的线条犹如卡通片中巨大的机器人。

YF-23A 战斗机的火力强吗？这是人们很关注的一个问题。YF-23A 战斗机的武器采用内装式，所以飞机的机身下很平坦，看不见任何外挂武器。看来，现在要弄清它的机载兵器还是很困难的。不过，行家们还是从机身下武器舱门的形状以及其他的迹象中看出了一些蛛丝马迹。据透露，它的武器系统主要有雷达制导的先进中距空空导弹、"响尾蛇"式红外线制导空空导弹、20mm 航炮等。据说，该型飞机上还装有一种十分先进的导弹发射器，这种发射器平时藏在机舱门里，发射时舱门才打开，发射器从舱门"探出身"来发射导弹，发射后又能快速退回到舱中。

YF-23A 战斗机的外形采用了 B-2 轰炸机的设计特点，飞机的外形尺寸很大，长约 21m，翼展 13.3m，高 4.3m。它的身躯高大，显然超过了现在美国使用的 F-15 战斗机。

就在 YF-23A 试飞的 2 个月之后，YF-22A 开始了试飞。洛克希德公司后来居上，他们安排了飞行史上最为紧张的飞行试飞计划。两架 YF-22A 原型机用了 60 天时间，完成了 74 次共计 91.6h 的试飞，整整比 YF-23A 的试飞时间提前 2 个月结束，多飞 26h。YF-22A 一号机在试飞中速度超过 2M，而 YF-23A 速度只有 1.8M。

为了显示 YF-22A 的先进性，洛克希德公司安排了 10 个架次的攻击角试飞。通用动力公司的试飞员约翰·比斯利和美空军试飞员沙克尔福少校在 9 次试飞中共飞行 15h，进行了 360° 翻滚、45° 压坡度飞行和垂直爬升、垂直俯冲。这些试飞项目充分展示了 YF-22A 良好的机动性。试飞员比斯利说："这种良好的机动性是因为 YF-22A 采用了推力矢量和反推力二元喷管的缘故。"

尽管 YF-22A 出笼比 YF-23A 晚，但它不飞则已，一飞即压倒了 YF-23A，五角大楼对它的各种性能都比较满意。据有关人士透露，YF-22A 和 YF-23A 的隐身性能各有特点，但洛克希德公司积累了生产隐身战斗机的经验，因而 YF-22A 更能显示出隐身战斗机的优越性。洛克希德生产的 F-117 已投入实战，而诺斯罗普公司生产的 B-2 型隐身轰炸机至今还未在实战中应用。一位敏感的新闻记者说：在海湾战争中，美军没有使用 B-2，表现出美军对 B-2 的某种担心。如果把这看作没有选中 YF-23A 的一个原因，也许不无道理。

在试飞中，YF-23A 和 YF-22A 都充分显示了优越性，美军中的一些决策人物相中了 YF-22A，支持 YF-23A 的人也提出了很多理由。一时间，双方各执一词，相争不下。

美军的有关专家提出了"再试锋芒"的方案。方法是"彩灯图表显示法"，即把 ATF 的所有性能数据、要求指标都在图上标出来，然后对 YF-22A 和 YF-23A 一项一项地测试。凡是超过了设计要求指标的用蓝色光点表示；达到设计要求指标的用绿色光点表示；低于设计要求的用红色光点表示；略低于设计要求、稍加改进就可以达到设计要求的，用黄色光点表示。每个光点下都有详细的技术说明，当然，这些说明是极为保密的。

专家们说，这个方法可以最公正地做出裁决，美国军方也对此表示认可，于是成千上万个技术指标被列了出来。

经过紧张的测试和试飞之后，美国空军部长透露说：我不能单纯地说明哪一种飞机比另一种飞机的机动性更强或是更隐身，但这并不意味着两种飞机在性能上和隐身技术上没有差距。

现在看来，诺斯罗普公司的 YF-23A 要比洛克希德公司的 YF-22A

速度要快，隐身性能也更强一些，达到了"蓝点"。 YF-22A 在马赫数 0.8 时，灵敏度达到了"蓝点"，在机动性能上也达到了"蓝点"。

"是不是'蓝点'越多越好？"有记者问。

"不，我们只要'绿点'数。'绿点'多才能显示整体性能。"美国空军部长说。

从显示结果看：YF-23A 的"蓝点"多，而 YF-22A 的"绿点"多。"黄点"和"红点"两家差不多。

美国空军部长还提出："洛克希德公司的投标要比诺斯罗普公司低，这样，他们就更有条件达到价格上的指标。可以说，这也是选中 YF-22A 的另一个重要原因。"

这就是说 YF-23A 的钱更多地用在了"蓝点"（超设计）上，而 YF-22A 则把钱花在了"绿点"（达到设计指标）上。另外，YF-22A 采

小小知识岛：什么是马赫数？

我们知道，声波在空气中的传播速度大约等于 1224 千米 /h，也就是说，声音在空气中的传播速度大约为 330m/s。随着高度和温度的改变，声速也会变化。

声音在不同介质中传播的速度叫声速。奥地利的物理学家 E·马赫通过多次试验发现，声速同介质的性质和状态有很大关系。比如，0℃空气中的声速约为 330m/s，声音在水中的速度约为 1440m/s。人们根据这个原理，把飞行器的飞行速度和同高度的声速之比称为马赫数，用字母 M 表示。

马赫数小于 1 称为亚声速，大于 1 称为超声速，大于 5 称为高超声速。人们在说到飞行器速度的时候，仅仅用声速已经不能准确衡量飞行器的速度值，而马赫数却能够准确表述飞行器在不同高度的速度。

用了相对传统的"平衡设计外形",并在强调隐身、超音速巡航的同时,兼顾了机动敏捷性、可靠性和维护简单。

任何一种武器的研制和生产都取决于一种战术思想。那么,YF-22A是在一种什么战术思想的指导下设计的?YF-22A计划的主管普罗顿说:要想在21世纪保持空中优势,飞机必须保证既能有效地进行超视距作战,同时又可以有效地进行近距离的空中格斗。在未来空战中,敌我双方都希望在对方视野范围之外,进行攻击对方的行动。但空战的事实表明,任何一场空战,敌对双方最终都会出现在对方的视野之内。在这种情况下,隐身性就不能成为优势了,而机动性却显得尤为重要。

根据这一战术思想,YF-22A将进行以下改进,使它以新的面貌出现在地球上:垂直尾翼的面积将减少10%,水平安定面也要略微减少;减轻全机重量,但挂载量并不减少;飞机操纵杆将置于中间位置,而不是位于一侧;液晶显示板将略缩小,但显示将更加清晰。经过改进定型后的YF-22A将于1997年开始批量生产,预计2003年达到年产48架。

值得一提的是,YF-22A使用的主要材料比例如下:铝33%、钛24%、高级铝2%、钢5%、FGR热塑性塑料13%、GR热变定塑料10%、其他材料13%。

经过改进的"超级明星"诞生了。现在美军即将正式装备的就是经过改进的"超级明星",改进后,它的正式编号去掉了Y字变为:F-22,绰号"猛禽"。

"神鸥计划"神吗

2006 年年末，中国台湾海峡的另一侧出现了一个很值得关注的新动向：台湾岛上的桃园机场更换了"主人"，这个机场从 2006 年 11 月 1 日开始将不再由台湾空军使用，而由台湾海军接手管理和使用。有消息说，台湾海军的 12 架 P-3C"猎户"反潜机即将进驻这个机场。

台空军 E-2T 预警机

桃园国际机场

"桃园机场"一直由台湾空军使用，至今已经有半个世纪了。很多读者都从报刊上和各种媒体中听到过"桃园机场"这个名称，并认为它是一个国际机场，两岸的春节包机就曾经在这里降落过。有人提出了疑问：P-3C"猎户"反潜机进驻这个机场目的是什么？"猎户"到底要"猎"什么？这几个问题很值得说一说。

✈ "桃园机场"有几个？

其实有的读者误读了"桃园机场"这个名字，"桃园机场"并不是两岸春节包机曾经降落过的机场，这个"桃园机场"和"桃园国际机场"是两个不同的机场。"桃园国际机场"是 20 世纪 70 年代台湾地区建设的一个新机场，1979 年 2 月 26 日首度启用，是当时亚洲最现代化的几个国际机场之一。而"桃园机场"是一个"历史很长的机场"，它被台湾军方称为"桃园空军基地"。

为了揭开台湾军方对"桃园机场"驻军进行调整的秘密，我们不妨走进"桃园机场"，看看这个机场的里里外外。

如果现在你就站在一幅中国地图的面前，你只要找到东经 121° 14′ 5″、北纬 25° 3′ 3″，就能够找到"桃园机场"。它地处台湾岛西岸北端，海拔 44.8m，占地面积 9.2 平方千米，可以容纳 150 架左右战斗机。机场周围地势比较平坦，附近有不少池塘和水田。"桃园机场"距台湾地区桃园县西北约 8 千米，距离厦门市 323 千米，距离福州市 226 千米。"桃园机场"最长的飞机跑道为 3 千米。我们再看看"桃园国际机场"的经纬度：

台湾桃园地理位置

东经121° 13' 26"，北纬25° 4' 35"。从经纬度上看，两个机场相距不远。

在2006年11月1日之前，台湾空军在"桃园机场"的兵力有：第5飞行大队和第12侦察机中队，主要作战飞机有40多架F-16A/B"战隼"战斗机、10架RF-16侦察机。现在我们可以看到台湾海军的S-2T反

台湾F-16

P-3C "奥利安" 反潜机结构图

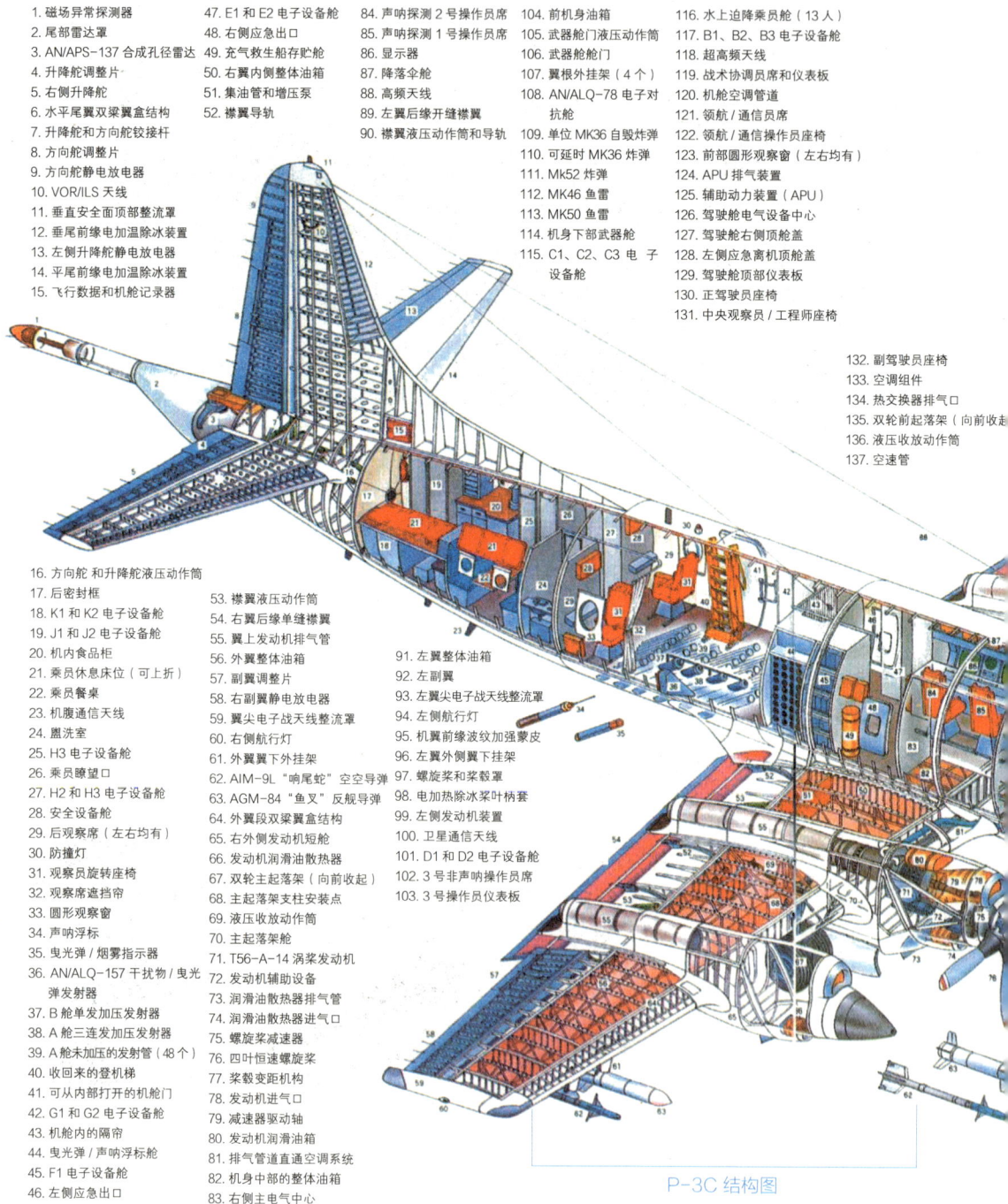

1. 磁场异常探测器
2. 尾部雷达罩
3. AN/APS-137 合成孔径雷达
4. 升降舵调整片
5. 右侧升降舵
6. 水平尾翼双梁翼盒结构
7. 升降舵和方向舵铰接杆
8. 方向舵调整片
9. 方向舵静电放电器
10. VOR/ILS 天线
11. 垂直安全面顶部整流罩
12. 垂尾前缘电加温除冰装置
13. 左侧升降舵静电放电器
14. 平尾前缘电加温除冰装置
15. 飞行数据和机舱记录器

16. 方向舵和升降舵液压动作筒
17. 后密封框
18. K1 和 K2 电子设备舱
19. J1 和 J2 电子设备舱
20. 机内食品柜
21. 乘员休息床位（可上折）
22. 乘员餐桌
23. 机腹通信天线
24. 盥洗室
25. H3 电子设备舱
26. 乘员瞭望口
27. H2 和 H3 电子设备舱
28. 安全设备舱
29. 后观察席（左右均有）
30. 防撞灯
31. 观察员旋转座椅
32. 观察席遮挡帘
33. 圆形观察窗
34. 声呐浮标
35. 曳光弹 / 烟雾指示器
36. AN/ALQ-157 干扰物 / 曳光弹发射器
37. B 舱单发加压发射器
38. A 舱三连发加压发射器
39. A 舱未加压的发射管（48 个）
40. 收回来的登机梯
41. 可从内部打开的机舱门
42. G1 和 G2 电子设备舱
43. 机舱内的隔帘
44. 曳光弹 / 声呐浮标舱
45. F1 电子设备舱
46. 左侧应急出口

47. E1 和 E2 电子设备舱
48. 右侧应急出口
49. 充气救生船存贮舱
50. 右翼内侧整体油箱
51. 集油管和增压泵
52. 襟翼导轨

53. 襟翼液压动作筒
54. 右翼后缘单缝襟翼
55. 翼上发动机排气管
56. 外翼整体油箱
57. 副翼调整片
58. 右副翼静电放电器
59. 翼尖电子战天线整流罩
60. 右侧航行灯
61. 外翼下外挂架
62. AIM-9L "响尾蛇" 空空导弹
63. AGM-84 "鱼叉" 反舰导弹
64. 外翼段双梁翼盒结构
65. 右外侧发动机短舱
66. 发动机润滑油散热器
67. 双轮主起落架（向前收起）
68. 主起落架支柱安装点
69. 液压收放动作筒
70. 主起落架舱
71. T56-A-14 涡桨发动机
72. 发动机辅助设备
73. 润滑油散热器排气管
74. 润滑油散热器进气口
75. 螺旋桨减速器
76. 四叶恒速螺旋桨
77. 桨叶变距机构
78. 发动机进气口
79. 减速器驱动轴
80. 发动机润滑油箱
81. 排气管道直通空调系统
82. 机身中部的整体油箱
83. 右侧主电气中心

84. 声呐探测 2 号操作员席
85. 声呐探测 1 号操作员席
86. 显示器
87. 降落伞舱
88. 高频天线
89. 左翼后缘开缝襟翼
90. 襟翼液压动作筒和导轨

91. 左翼整体油箱
92. 左副翼
93. 左翼尖电子战天线整流罩
94. 左侧航行灯
95. 机翼前缘波纹加强蒙皮
96. 左翼外侧翼下挂架
97. 螺旋桨和桨毂罩
98. 电加热除冰桨叶柄套
99. 左发动机装置
100. 卫星通信天线
101. D1 和 D2 电子设备舱
102. 3 号非声呐操作员席
103. 3 号操作员仪表板

104. 前机身油箱
105. 武器舱门液压动作筒
106. 武器舱舱门
107. 翼根外挂架（4 个）
108. AN/ALQ-78 电子对抗舱
109. 单位 MK36 自毁炸弹
110. 可延时 MK36 炸弹
111. Mk52 炸弹
112. MK46 鱼雷
113. MK50 鱼雷
114. 机身下部武器舱
115. C1、C2、C3 电子设备舱

116. 水上迫降乘员舱（13 人）
117. B1、B2、B3 电子设备舱
118. 超高频天线
119. 战术协调员席和仪表板
120. 机舱空调管道
121. 领航 / 通信员席
122. 领航 / 通信操作员座椅
123. 前部圆形观察窗（左右均有）
124. APU 排气装置
125. 辅助动力装置（APU）
126. 驾驶舱电气设备中心
127. 驾驶舱右侧顶盖
128. 左侧应急离机顶舱盖
129. 驾驶舱顶部仪表板
130. 正驾驶员座椅
131. 中央观察员 / 工程师座椅

132. 副驾驶员座椅
133. 空调组件
134. 热交换器排气口
135. 双轮前起落架（向前收起）
136. 液压收放动作筒
137. 空速管

P-3C 结构图

潜机开始在这个机场上起降，却看不到 F-16 的身影了。原来这是台湾海军为了 P-3C "猎户" 反潜机的到来进行的一系列训练。台湾军方现有的 S-2T 反潜机由于服役时间过长，机载电子设备及反潜作战能力已不能满足需求，基本处于 "无所作为" 的状态，作为训练飞机倒是一个不错的选择。

"猎户"能猎到什么？

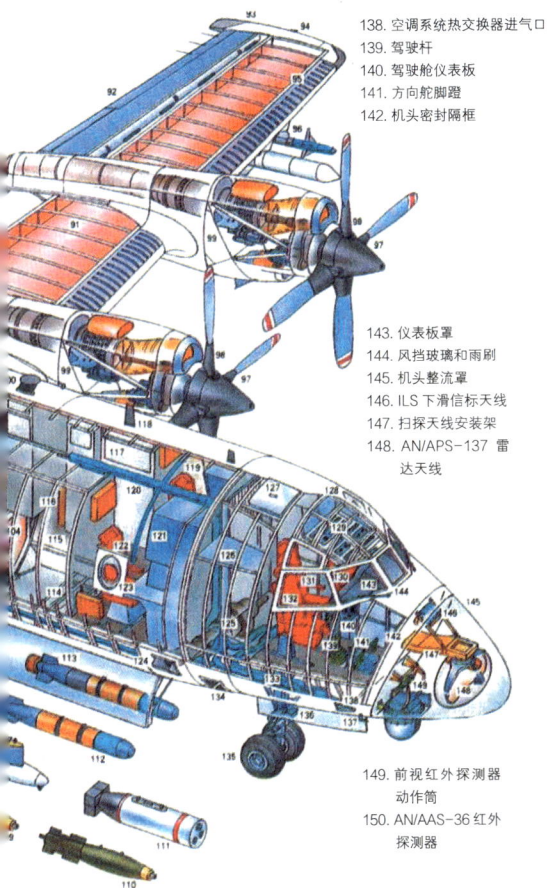

138. 空调系统热交换器进气口
139. 驾驶杆
140. 驾驶舱仪表板
141. 方向舵脚蹬
142. 机头密封隔框

143. 仪表板罩
144. 风挡玻璃和雨刷
145. 机头整流罩
146. ILS 下滑信标天线
147. 扫探天线安装架
148. AN/APS-137 雷达天线

149. 前视红外探测器动作筒
150. AN/AAS-36 红外探测器

P-3C "猎户" 反潜机到底有多厉害？它能 "猎" 到什么？这是很多读者很关心的问题。顾名思义，P-3C "猎户" 反潜机主要的作用就是反潜作战，它是潜艇的死对头。应该说，P-3C 在反潜作战上的确有一套，它以航程远、工作时间长、速度快、反潜能力强而闻名，加拿大、西班牙、新西兰、澳大利亚、日本、伊朗、荷兰等至少 16 个国家和地区都装备了这种反潜机。

"猎户" 是一种以陆地为基地的反潜飞机，1962 年 8 月洛克希德公司制造出数架 P-3A，交付给马里兰州派特森河美国海军基地。这些早期的 "猎户" 曾在 1962 年 10 月至 11 月的古巴导弹危机中参与了美国对古巴的海空封锁任务，以阻绝苏联利用军舰或是经过伪装的商船运送军事装备到古巴,这是"猎户"首次执行监视海洋任务。P-3"猎户"在执行猎潜任务时,必须在距离海面90～300m 的低空飞行,以适合机组人员监视海域,进行猎潜工作,这时P-3 的速度很慢,再加上它的机身庞大,所以遭到海面敌方舰船的攻击机会也会增大。为了避免遭到敌方攻击,P-3 可以投放声呐浮标,以借助声呐浮标在高空监控相应的海域。位于 P-3 机腹后段中央,有 48 个压力式声呐浮标发射器(孔),采取后倾式设计,以防止飞机在抛射声呐浮标时,因向前飞行的惯性错过目标区。飞机将声呐浮标抛射至可疑目标区的海面后,机上的声呐员可借助声呐浮标传回来的讯号判别海中潜艇的方位,并以此判别该潜艇是柴电潜艇还是核动力潜艇,一些有经验的机组人员甚至

小小知识岛:为什么潜艇可以沉入海中又可以浮上来?

普通的船舰只能在海面上航行。可是,为什么潜水艇却能像鱼儿一样,既可以在水面上航行,也能够沉到海洋深处潜伏前进?要明白这个道理,我们可以从鱼儿怎样潜水得到一些启示。鱼儿一会儿游到水面,一会儿潜入水里,它的肌肉在时收时张的同时,体内鱼鳔也一起收缩或膨胀。鱼鳔收缩的时候,鳔里的气体被挤出来,鱼体会略缩小,水对鱼的浮力也减小了,鱼就沉入水的深处;鱼鳔膨胀的时候,里面充满气体,鱼体略扩大,水对鱼的浮力增大,鱼就向上浮起来。

潜水艇也有鳔吗?是的。潜水艇的"鳔"不是皮口袋,而是一些用钢铁做成的柜子。这种柜子虽然不能扩大、缩小,但可以人工放水、吸水,所以叫做水柜。当潜水艇需要下沉的时候,只要打开进水阀门,让海水灌满水柜,增加艇的重量,潜水艇就会沉下去。当潜水艇需要上浮的时候,只要用机器把大量的压缩空气压进水柜,把柜里的水赶到海里,潜水艇逐渐变轻,就可以浮出水面。你看,潜水艇依靠这些水柜,就可以沉下去、浮上来了。

小小知识岛：现代潜艇的分类

潜艇是个水下大怪物，身躯庞大，行踪隐秘，在现代战争中少不了它的身影。潜艇是海军的主力舰种之一，具有良好的隐蔽性，有较强的自给能力、续航能力和突击威力。它的主要任务是攻击大中型水面舰船和潜艇，袭击海岸设施和陆上重要目标以及执行布雷、侦察、输送侦察小分队登陆等。

现代潜艇按战斗使命区分，可以分为弹道导弹潜艇和攻击潜艇；按动力区分，可以分为核动力潜艇和常规动力潜艇。

茫茫大海之中，一艘潜艇在水下悄悄地航行。也许有人说：潜艇在水中航行，本身就具有隐身性能。其实不然。潜艇的对手很多：水中有敌方的潜艇在一刻不停地搜寻它；水面上的舰艇也在努力寻找它的"蛛丝马迹"；空中的反潜飞机更是使出了浑身解数，严密地监视海中的一切。面对这样多的对手，潜艇要想不被发现，必须具备几手隐身高招。

还能直接判别出是何种型号的潜艇。据说，一位苏联海军将军曾对 P-3 的性能大加赞赏，他说：如果我需要了解我手下的潜艇位置，我可以很放松地坐在指挥室里，只要看一看"猎户"反潜机在哪个海域里活动就会明白一切了。有 P-3C 的海域就会有苏联的潜艇出现，P-3C 简直成了苏联潜艇的空中标志，这足见"猎户"的厉害。

P-3"猎户"的设计非常豪华，执行一般任务时就需要十多名乘员，它那巨大的机身里为这些乘员设计了一个电气化的厨房和一个大型的乘员休息室，执行任务的乘员可以轮流在休息室里休息。厨房里可以为乘员提供热咖啡和其他食品。有了这样舒适的生活条件，飞机就可以在空中进行长时间的飞行。

美军注意到了 P-3 反潜机的作战潜力，开始不断对其进行改进，其中比较常用的型号有 P-3B、P-3C 等。P-3C 这个型号是 1969 年才开始在美军中服役的改进型，它的最大特点是改装了"埃钮"系统，这个系统的核心是一套数字计算机系统，能综合所有的反潜信息并进行数据复现、显示、传输。P-3C 配备了先进的潜艇探测传感器，例如定向测距浮标和磁异常探测设备。航空电子系统是综合通用数字计算机，可向机上所有战术显示屏、监视器提供数据，自动发射弹药以及向飞行员提供飞行信息。此外，该系统可以整理导航信息并接受声呐数据，将其输入战术显示屏并保存。不仅如此，P-3C 还能够在机内和翼下挂架混合挂载武器装备。

"神鸥计划"并不神

台湾军方购买反潜机的计划被称为"神鸥计划"。其实这个"神鸥计

P-3C

划"一点也不神，台湾军方购买反潜机的计划由来已久，早在 2004 年，台湾军方向美国购买固定翼反潜机的"神鸥计划"行动已展开，这个计划购买的反潜机并非是 P-3C，而是 P-3B，因为 P-3C 实在太贵了。P-3B 早在 1960 年就开始在美军中服役，至今已经是"高龄"反潜机了。"神鸥计划"打算购买 12 架 P-3B 反潜机，然后进行性能改进，升级为更先进的 P-3C。据报道，"神鸥计划"总采购额高达 400 亿元台币，其中 286 亿元为性能提升费用。为了实现"神鸥计划"，为利用军购商机促进台湾地区产业发展，台湾计划优先在本地进行反潜机性能提升工程，军方准备对当地相关企业进行能力评估。P-3B 性能提升的改装分为导航、电子、动力、结构、通信 5 大部分，由美国洛克希德·马丁公司负责系统设计整合，在美国进行性能提升改装工程，但如果台湾厂商的能力可配合，后期会在台湾施工。台湾的航空工业厂商包括华航、长荣、汉翔、亚航 4 家，都有大型维修制造厂房，足以满足 P-3B 的改装工程所需空间，这些厂商也参

与过战斗机和直升机性能改装升级。P-3B升级为P-3C后，不但可连续飞行12h，巡航半径也将增加，机上还将增加先进航空电子设备，同时机龄也可再延长15年以上，可大幅提升军队反潜能力。

实质上，"神鸥计划"是一个修修补补的"笨鸟计划"，因为台湾军方并不认为P-3有多么先进，对于一个已经有多年历史的老机型来说，必须经过改进才行。日本的海上自卫队就已经盯上了美国的新一代反潜机P-8，而台湾军方花了大价钱却还停留在P-3B的时代，台湾军方当然不满意。于是台湾军方向美国方面提出了要求：台湾军方购买的P-3B外表上要焕然一新，也就是说升级后的P-3C，它的机翼必须是全新的，机体也要全新的；而且改装后的P-3C能加挂台湾研制的空对地导弹，具有反潜及对地作战能力，还要将其中的2架P-3C反潜机改装为EP-3电子侦察机。最重要的一项改进是使P-3C反潜机上的人员能够从敌防空区外发射鱼雷，使机组人员及飞机的生存性大大提高，而改装前的P-3必须下降到低空才能投放MK54鱼雷。美方还要保证P-3C反潜机20年的后续服务，台湾厂商必须参与总经费70%的工程，这样可以保证自己的军工企业"可持续发展"。台湾军方期望改装后的P-3C可成为世界上先进的岸

小小知识岛：战斗机的活动半径是怎么一回事？

活动半径是指飞机携带正常的作战载荷，在无风和不进行空中加油的情况下，从机场起飞，沿着一定的航线飞行，执行完指定的任务后，返回机场所能达到的最远水平距离。

对战斗机、攻击机、轰炸机等军用飞机来说，活动半径又叫做"作战半径"。这是军用飞机最重要的性能指标之一，它直接表明飞机作战和活动的范围。

在通常情况下，活动半径要小于航程的一半。

基反潜机，它的武器系统要很强大，机腹底下的武器舱及机翼下的 10 个挂架可携带鱼雷、深水炸弹、水雷、火箭、"鱼叉"导弹等武器，还可以携带各种声呐浮标、水上浮标、照明弹等装备。这样的改装升级计划甚至比 P-3C 的要求还要高。

改装后的 P-3C 真的能够达到这样的技术指标吗？美国人拍了胸脯，下了保证，可是台湾军方的心中还是没底。不过，台湾军方也有自己的如意算盘：在购买的"基德级"导弹驱逐舰（主要用于反潜作战，经过改装的"基德级"导弹驱逐舰，防空、反舰和反潜能力都得到了增强）开始服役之后，配上 P-3C 反潜飞机，这样就形成"空海一体化"，台湾海军将会"蛟龙出水"扩大作战纵深，"得以走向大洋作战"。如果台湾海峡爆发战争的话，P-3C 反潜飞机配合"基德级"导弹驱逐舰，还有助于突破对台湾实施的"潜舰封锁"。尽管 P-3C 并非最先进的反潜机，但是在战争中，使用一架 P-3C 对付一艘潜艇，P-3C 的能力还是绰绰有余的。如果使用 2 架 P-3C 对付一艘潜艇，那么潜艇就毫无优势可言。作为一种可执行搜索和攻击潜艇任务的飞机，P-3C 可用于反潜警戒巡逻，协同其他兵力构成一条反潜警戒线，引导其他反潜兵力或自行对敌方潜艇实施攻击。P-3C 的最大作战半径为 3835 千米，这样长的距离可以覆盖从台湾岛以北的日本琉球群岛到以南的中国海整个台湾岛周边海域。由于台湾四面环海的地理特点，拥有这样的反潜飞机对于台湾来说具有极其重要的军事战略意义。这也就是台湾军方在"桃园机场"配置 P-3C 的重要原因。

10

印度 "米格机" 退役之谜

有消息说：印度空军将要淘汰 123 架 "米格" 战斗机，包括米格 -23 和米格 -25 两种机型。这两种机型真的落后了吗？印度淘汰它们的目的是什么？我们应该怎样看待这两种战斗机被印度空军淘汰的事实？人们的心中画上了种种问号。

米格 -23 和米格 -25 是两种世界知名的战斗机，在它们诞生之初，曾引起不小轰动。米格 -23 在 1967 年 5 月 26 日首次试飞，这次试飞是在极为保密的情况下进行的，当时它作为苏联的 "撒手锏" 兵器用来对付西方威胁。西方把它叫做 "鞭挞者"，这个绰号有点怪，

米格 -29K

人们既可以把米格 -23 理解为一种鞭挞别人的工具，也可以说它是一种被鞭挞的对象。西方人可能更多的是从后一种认识来看待米格 -23 的，因为米格 -23 实在太厉害了，现在就让我们来看一看它那骄人的战绩——

米格 -23 勇斗"F 三兄弟"

我们知道，美国研制的 F-14、F-15、F-16 三种战斗机是世界上非常先进的战斗机，尽管 F-14 "雄猫"即将从美军中退役，但是在 20 世纪 80 年代，它曾称霸一时，而 F-15 和 F-16 至今仍是美军的主力战机。米格 -23 并不惧怕"F 三兄弟"，它和"F 三兄弟"都交过手，而且战绩不凡。1982 年 12 月，叙利亚和以色列大动干戈，在一次空战中，以色列的 3 架 F-15 被叙利亚的米格 -23 击落，而米格 -23 无

米格 -29K 机翼折叠

一损失。在两伊战争中，伊拉克空军的米格 -23MF 和伊朗空军的 F-14A 大打出手，相互各有击伤。海湾战争中，伊拉克的米格 -23 曾经使用空空导弹击落 1 架 F-16 战斗机。

米格 -23 不但敢和美国研制的战斗机较量，法国研制的幻影战斗机它也没有放在眼里。1985 年古巴飞行员驾驶米格 -23 战斗机曾经与南非空军飞行员驾驶的幻影 F.1 和幻影Ⅲ交火，空战结果是幻影战机被击落数架，米格 -23 被击落 1 架，幻影 F.1 和幻影Ⅲ战斗机败下阵来，米格 -23 夺得了制空权。

米格 -23 酒醉蓝天

其实最让人们难忘的是米格 -23 "酒醉蓝天" 的故事。

这个故事发生在 1989 年 7 月 4 日，这天苏联驻波兰的一支空军部队正在进行紧张的飞行训练。一位苏联空军上校驾驶着一架米格 -23 战斗机从跑道上起飞了。飞机起飞不久，这位上校突然听到他的战斗机进气道发出了爆炸声，同时他感到战斗机的发动机推力在下降，战斗机也开始下降。这些信息都是危险的信号，空军上校立即向指挥塔台报告：发动机故障，飞机失去动力。

地面指挥塔台听到他的报告，当即命令他：立即跳伞！空军上校听到命令后，马上拉下了跳伞手柄，此时，他的飞机飞行高度只有 100 多米。空军上校被弹出座舱，他的降落伞很快就张开了。当降落伞徐徐下降的时候，空军上校看到自己驾驶的那架米格 -23 战斗机仍旧在空中飞行，并且朝着波罗的海方向飞去。

令人意想不到的事情发生了，这架无人驾驶的米格 -23 战斗机并没有向地面坠落，它像是有人驾驶一样，不断在升高，飘飘悠悠地继续向前飞行。就这样，这架米格 -23 战斗机缓缓地飞越波兰上空，又横跨当时的民主德国领空，飞入当时的联邦德国。

北约部队发现了这架米格 -23 战斗机，立即拉响了战斗警报，美国空军驻荷兰军事基地的两架 F-15 战斗机立即起飞准备战斗。

蓝天上的这架无人驾驶的米格 -23 战斗机全然不管北约部队的警告，继续向前飞行，它又飞进了荷兰领空，像一个醉汉摇摇晃晃、大摇大摆在空中自由自在地飞着。美国空军的两架 F-15 飞近米格 -23 时大吃一惊，他们看到这架米格 -23 没有座舱盖，座舱里也没有飞行员。让美军飞行员感到宽慰的是，飞机上没有挂载导弹等进攻性武器。F-15 紧跟在米格 -23 的后面，想看它到底要干什么。

米格 -23 根本不理会 F-15 战斗机，仍旧我行我素，稳稳当当地飞过荷兰领空，飞进了比利时的上空。这时，这架无人驾驶的米格 -23 似乎有些力不从心，它像一个喝得烂醉的醉汉倒在地上不省人事一样，一头向左

米格 -23

下方坠落下去，栽倒在比利时首都西郊 80 多千米的一座小村庄里。

这架无人驾驶的米格 -23 长途飞行了 900 余千米，飞越了 5 个国家的领空，飞行了 79min，这真是一个奇迹。

接班人也是同根生

看了上面的介绍，你一定会说：米格 -23 是这样厉害的一种战斗机，印度空军为什么要淘汰它呢？其实，印度空军也非常器重米格 -23 战斗机，无奈米格 -23 实在有点老了。它是 20 世纪 60 年代研制的战斗机，1985 年前后，苏联已经停产这种战斗机，而印度购买的米格 -23 几乎都是 20 世纪 80 年代前后生产的，零配件也供应不上，只好将它退役。不过，你要是注意到它的"接班人"是谁，你也许就不会奇怪了：它的"接班人"是米格 -27。

米格 -27 有什么特别之处？

其实，米格 -27 就是在米格 -23 的基础上改进而成的，它们本是同根生。米格 -27 原来叫米格 -23Б，对地攻击性能比米格 -23 有很大的高，载弹量由过去的 2000kg 增加到 4000kg。最重要的是印度引进了米格 -27 的生产线，自己生产米格 -27，零配件的供应再也不用受制于人。还有，印度将"美洲虎"战斗机的机载设备引入到米格 -27 战斗机上，对米格 -27 的机载雷达也进行了改装，安装了法国的火控雷达，这样的改进使米格 -27 更上一层楼。只是美中不足的是，米格 -23 多次参加战斗，而米格 -27 却一直深藏不露，据说米格 -27 只是苏联在阿富汗战争中"偶尔露峥嵘"，没有见到它参加其他战斗的报道。

速度快并非一好百好

　　米格-25"狐蝠"战斗机也是一种即将从印度军队退役的飞机。米格-25的名气实在太大了,它是目前世界上唯一突破"热障"的战斗机,能在24000m的高空以2.8倍音速持续飞行,最大速度可达3倍音速,作战半径为1300千米,航程达3000千米。米格-25于1969年开始装备部队,在短短的几年里,它创造和打破了8项飞行速度的世界纪录、9项飞行高度的世界纪录和6项爬高时间的世界纪录。当时的美国空军部长说:米格-25是世界上最好的截击机。

　　速度的确是优秀战斗机的一个重要指标。早在1971年初,苏联就把4架经过改装的侦察型米格-25偷偷地运进了埃及,随后,在半年多的时间里,这4架米格-25由苏联飞行员驾驶,对以色列的海岸线和被以色列占领的西奈半岛进行侦察飞行。以色列也早有防备,派出了F-4"鬼怪"式战斗机去拦截它。F-4使出浑身解数很快就发现了米格-25的身影,可是还没等F-4采取任何行动,只见米格-25的尾部喷出两道火舌,就开足马力一溜烟跑了,F-4干着急就是追不上。有一次以色列的战斗机还发

米格-25

小小知识岛：飞机真的会遇到"声障"吗？

1945年6月，英国在试飞一种高速飞机时，因飞行速度接近声速，造成飞机的机身破裂，机毁人亡。当时一个英国科学家说："声速……像是面前的一堵障碍墙。"科学家们发现：当飞行器的运动速度达到或超过声速时，飞行器前方不远的空气会被剧烈压缩，形成一个直的或斜的波面，产生一种特别的阻力，就像是飞行器撞到了一堵墙上一样，这种现象被称为"声障"。

飞机的飞行速度接近声速时，飞机的机身、机翼、尾翼等部位会产生激波，增大飞机的阻力，这就是波阻。由于波阻的影响，飞机在进行超声速飞行时，阻力大为增加。此外，螺旋桨在高速旋转时，也由于同样的原因效率大大降低。因此，必须研制一种新的动力装置用来克服"声障"。

1943年，兰利研究中心为了克服"声障"设计了一架名为 XS-1 的研究飞机。为了减小阻力，这架飞机的外形设计就像一枚炮弹。为了减少试验机携带的燃料，它被装进一架 B-29 轰炸机的炸弹舱中，采用空中投放的方案。试飞员查尔斯·叶格尔上尉从 B-29 的炸弹舱钻进 XS-1 的座舱里，等到 B-29 爬升到 3000 多米的高度时从炸弹舱中把实验机像投炸弹一样投放出来，此时轰炸机的速度已达 322 千米/h。当爬高到 7620m 时，轰炸机的飞行员切断了与试验机的连接器，查尔斯上尉立即把 XS-1 飞机拉起，向上爬升。以前一些飞机在突破"音障"的时候，都采用由高空向低空俯冲的办法，达到并超过声速。但是由于低空的空气密度大，激波的强度增大，易造成极严重的"爆击"。为了避免这种情况，XS-1 爬升到 11580m 的高度才改平飞，然后关闭火箭发动机开始俯冲。当飞行速度达到 0.8M 时，飞机产生强烈振动，马赫数继续增大，振动不断加强。飞行速度继续增大到马赫 0.97、0.98……突然，飞机停止了强烈振动。在 12800m 的高度 XS-1 的速度达到了 1.04M，从而实现了第一次超声速飞行。从此，人类的飞行再也不受"音障"的限制了。

叶格尔驾驶的这架 XS-1 火箭飞机现在收藏在华盛顿宇宙航空博物馆中。

最早的实用型超声速战斗机是美国的 F-100 和苏联的米格-19。飞行试验结果很好，当高度为 11000m 时，速度达到 1.38M，低空飞行时，速度达到 1215 千米/h。F-100 是世界上第一种平飞速度超过声速的战斗机。

米格-19 是苏联第一种批量生产的超声速战斗机，并在 1953 年试飞成功。米格-19 的最大平飞速度为 1454 千米/h。

射了空空导弹，但是米格-25毛羽未损，以色列的战斗机无功而返。速度的确给米格-25带来很多优势。

不过仅仅有速度优势还是远远不够的，米格-25的发动机耗油量巨大，使得它的航程受限、机动性能很差，中低空性能也不好，特别是携带导弹高速飞行时，飞机的稳定性也有问题。再有就是维护存在一定的困难，飞机在高速飞行时，零部件很容易老化，零部件的来源也是问题。印度军方认为：印度空军已经拥有军事侦察卫星和无人驾驶飞机，过去由米格-25担负的任务现在通过军用卫星就可以更出色地完成，而且更安全。为了更好地进行后勤管理、减少现役飞机的型号、减少库存飞机类型、建成复合型军事结构，让米格-25退役是理所当然的事情。

印度空军目前拥有3个米格-23BN对地攻击飞机中队和1个米格-23MF截击机中队。同时，它还拥有16架米格-23BN电子战飞机和6架具备作战性能的同型教练机。此外，它还库存有8架米格-25R/U高空侦察机。

小小知识岛："徘徊者"空中做法

EA-6B是美军的电子战飞机，它有一个绰号"徘徊者"。按理说在战争中绝不允许有什么徘徊的行动，任何犹豫徘徊都会招来杀身之祸，可是在战争中，这种EA-6B飞机并不直接参加你死我活的空战，它的的确确是在空中徘徊。不过，你要是认为它这是在坐山观虎斗，那就大错特错了。"徘徊者"并没有"袖手旁观"，它在空中徘徊的目的是为了在空中暗中做法——施放电子干扰，压制敌方的电子信号，干扰敌方的通信、指挥系统，使敌方的阵脚大乱，掩护自己的飞机进行攻击，所以人们又把它叫做"空中保镖"。

✈ 什么叫"热障"？

我们知道，当飞机高速飞行时，飞机表面与空气产生摩擦，使空气产生阻滞和压缩，动能转化为热能，飞机速度大为降低，而飞机表面温度急剧升高，这就是所谓的"热障"。

根据理论估算，在高度超过 11 千米的高空飞行时，当飞机的马赫数为 2 时，飞机头部的温度可能达到 118℃；当马赫数为 2.5 时，温度可达 215℃；当马赫数为 3 时，温度则达到 335℃。所以高速飞行时，由于气动加热，机内人员、设备以及材料的强度等方面都会受到严重影响和限制。现在，一般将马赫 2.5 以上看做是出现"热障"的飞行速度。

在高速飞行时，"热障"的表现是：制造飞机外壳的合金的结构强度和刚度都会降低，出现变形、破损甚至局部熔融；飞机油箱的油也将达到沸腾，无法正常供油，而且随时存在因温度过高而骤然燃烧爆炸的危险。

美国是最早开始探索解决"热障"问题的国家。20 世纪 50 年代中期，

米格 -29K

美国贝尔公司生产的 X-2 研究机进行了克服"热障"的试验。1954 年 5 月，第一架 X-2 在母机 B-50 上发生爆炸，但是这并没有炸掉人们克服"热障"的决心。第二架 X-2 研究机由美国空军飞行员埃费雷斯特完成了首次飞行。随后，X-2 又进行了 7 次飞行，并在 1956 年 9 月 7 日的飞行中达到 36637m 的高度。1956 年 9 月 27 日，飞行员阿普特完成了一次史无前例的突破"热障"的飞行，这次飞行的速度达到马赫 3.2。遗憾的是这架飞机在这次飞行之后的另一次飞行中失事坠毁。

米格 -27 之谜

苏 -27 是大家都很熟悉的战斗机，可是最近它遇到了一件烦心事：有一天一群新闻记者在机场上围住了它，让它谈谈在最近的一次演习中是怎样准确击中地面目标的。

"可是，我根本就没有参加你们说的什么演习！"苏 -27 战斗机有点丈二和尚摸不着头脑。新闻记者并不理会它的这些解释，他们不停地追问："你们的司令说，'27'战机在演习中表现最好，3 枚导弹准确击中了 3 个目标！司令说的'27'战机就是你呀！"

听到这里，苏 -27 战斗机才恍然大悟，它对记者们说："司令说的'27'战机真的不是我，而是米格 -27 战斗机！"可是那些孤陋寡闻的记者仍旧不依不饶："我们并不知道有没有米格 -27，只是希望你别谦虚，请你接受我们的采访，司令说的'27'就是你。"看到这些记者穷追不舍的样子，苏 -27 战斗机说："这样吧，我把米格 -27 战斗机找来，让你们看看，你们就会明白一切了。"说着，苏 -27 飞走了，它要去找米格 -27 战斗机，让它在记者面前亮亮相。

不一会，苏 -27 战斗机和另一架战斗机一同降落在跑道上，苏 -27 指着身边的战斗机说："这就是你们要找的米格 -27 战斗机。"

记者们看到站在面前的是一架和苏-27战斗机的样子完全不同的战斗机，这架战斗机的进气道在机身两侧，它的机翼是可变后掠翼，机身下挂着空空导弹、激光制导炸弹、火箭弹，而且前面还有一门机炮。

记者们看到这架战斗机才相信了苏-27战斗机的话。可是就在这时，有一个心明眼亮的记者看出了一点问题，"这明明是一架米格-23战斗机，你怎么把它叫做米格-27呢？"

小小知识岛：什么是飞机的"黑匣子"？

黑匣子的学名叫"飞行记录仪"，它能记录飞机失事前的飞行数据和发动机等工作参数，有利于找出飞机发生事故的原因，以改进飞机、避免类似事故发生。

早期黑匣子是用耐高温金属制成的圆盒子或方盒子，表面涂上黑色防火漆，因而被称作"黑匣子"。现代飞机黑匣子为了方便寻找，表面往往涂上十分鲜艳的橘黄色或红黄色。1957年，黑匣子就已装上飞机。1960年，类似于录音机磁带的磁带式记录仪问世。这种记录仪不但能记录飞行参数和发动机工作参数，还能记录飞行员对话和飞行员与地面的通话。当时国际民航组织规定，黑匣子至少能记录18种数据，后来又增加到30种。

现代黑匣子仍采用磁带式记录仪，但记录数据可达200多种，并采用不易受到干扰的数字式记录方式，记录时间由原来的10min延长到30min。

飞机发生严重坠毁事故时，保证黑匣子完好无损是十分重要的。为此，人们研究探索了各种在极其恶劣条件下保证黑匣子不受损坏的办法。通常黑匣子都装在受撞击力较小的垂直尾翼底部，并装有紧急定位发射机，能连续30天自动发射一种特定频率的无线电信号，以方便调查人员利用接收机跟踪信号搜寻到它。

其他行业也有黑匣子。比如，测试各种工业炉内温度的炉温跟踪仪也叫黑匣子，进行钢铁厂的轧钢加热炉、热处理炉、钎焊炉、涂装线、回流焊等过程的温度曲线测试，这种黑匣子可以在1300℃的温度下停留6h，比飞机上的黑匣子的隔热性能还要好。

听到这话，记者们都惊讶地睁大了眼睛："是呀，为什么把米格－23 说成米格－27，这到底是怎么一回事？"

苏－27 战斗机笑了："其实，大家误解了"，苏－27 战斗机拍拍米格－27 的肩膀说，"米格－23 是米格－27 的'哥哥'，它们两个长得很像，就好像是双胞胎，人们一时很难把它们区分出来。现在我就把米格－23 也请来，大家对比一下就不言自明了。"

很快，一架外形和米格－27 很像的战斗机飞到了大家的面前，这两架战斗机长得实在太像了，只是米格－27 的机头有了一点变化，空速管没有直接安装在机头部，而是放在机头一侧。如果我们要从外形上来识别这两种战斗机，看机头是一个好办法。如果仔细测量一下外形尺寸，你就会发现米格－27 的机长和机高都比米格－23 大，米格－27 的机腹部增加了防弹装甲，整体重量也增加了。最值得一提的是，米格－27 的载弹量比米格－23 多一倍，这在实战中是很有用的。还有，米格－27 的机载电子设备有了很大改进，全部采用数字式计算机，米格－23 使用的还是模拟计算机系统。米格－27 最大的改进是火控系统，改进后的火控系统可以挂载先进武器，比如电视制导和激光制导炸弹，还可以挂载反雷达导弹以及混凝土穿甲弹，这些弹药米格－23 是无法使用的。

"尽管米格－23 使用的弹药不怎么先进，但是大家不要小看它，它在海湾战争中曾经击落过 F－16 战斗机呢！"苏－27 高声地向大家介绍说。

"对呀，我的'哥哥'米格－23 在 20 世纪 80 年代还击落过 F－4 战斗机和 F－15 战斗机呢！"米格－27 补充说。

"米格－27 也参加过战争呀"米格－23 也很认真地向大家介绍，"很多国家很欣赏米格－27 战斗机，比如叙利亚、古巴、利比亚等国都买了不少米格－27 呢！"

听了它们的介绍，一位记者兴奋地说："今天的采访很成功，我们不但新认识了一位战斗机朋友，还从中学到了不少知识呢！"

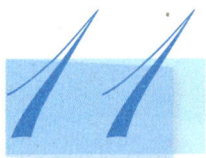

日本的"战隼"有多厉害

　　很多读者十分关心日本的F-2战斗机,有人说:F-2是日本的"战隼",因它长得很像F-16战斗机,简直就是F-16战斗机的复制品。也有人说:听说F-2已经停产了,说明它是一种不成熟的战斗机。还有的读者朋友说日本已经在生产F-2"超改"型,甚至研制F-3战斗机。还有一些网友针对F-2到底有多厉害,在网上展开了激烈的争论。

　　围绕着F-2的是是非非,众说纷纭,莫衷一是。应该说F-2战斗机是一个值得说一说的话题。由于历史原因,日本军用技术的发展受到很多限制。在第二次世界大战之后,日本依靠按许可证生产美国先进武器装备的办法,使其武器装备质量保持在一个较高的水平上。其中在发展航空武器装备方面,最引人瞩目的就是F-2战斗机的研制。

f203

3 出师不利，FS-X 计划险遭流产

我们还是先从 2006 年发生的几个关于 F-2 战斗机的新闻说起。有消息说：2006 年年底，日本用 F-2 战斗机成功试射了 ASM-3 隐身远程空射反舰导弹（ASM）。ASM-3 隐身远程空射反舰导弹计划在 2010—2015 年投入使用，该导弹采用双冲压式喷气发动机，具备主、被动雷达制导和红外制导能力。ASM-3 是日本自主武器研制项目的一部分。

另一则新闻说，日本政府已规划其 2007 财年的防务预算为 48000 亿日元（约 410 亿美元），包括购买 50 架飞机，其中航空自卫队 14 架，陆上自卫队 22 架，海上自卫队 14 架，购机总数是 2006 财年的 2 倍。航空自卫队申请了 1485 亿日元的采办预算，打算再购买 10 架 F-2 战斗机。看来日本对 F-2 战斗机充满了期待，21 世纪亚洲的天空上自然少不了 F-2 战斗机

的身影。

如果我们把目光退回到 2000 年，你就会看到在世界刚刚进入 21 世纪时，日本的航空自卫队就开始忙碌起来，他们要迎接自己的新伙伴——F-2 战斗机的到来。21 世纪的第一个秋天降临在日本的三泽空军基地，10 月 2 日这一天三泽空军基地彩旗飘扬，这里要举行一个隆重的典礼，第三飞行团的官兵急切地迎接 F-2 战斗机的到来。这个典礼很隆重也很简短，但是它吸引了日本众多的新闻媒体和世界军事专家们的关注。

当时负责首批接管 F-2 战斗机的日本第 3 飞机联队司令对媒体记者们说，F-2 战斗机在 21 世纪将全面担负起日本国土防空的重任，而自 20 世纪 70 年代以来就加入日本空中自卫队的现役 F-1 战斗机和 F-4 战斗机将陆续退出舞台。按照日本防卫厅的计划，日本航空自卫队最终将采购 130 架 F-2 战斗机，其中有 20 架将被部署在三泽基地。

F-2 战斗机称得上是日本航空自卫队的主战兵器，它的出世充满了波折和争议。

20 世纪 80 年代中期，日本防卫厅就计划自行研制一种新型战斗机以取代老旧的 F-1 战斗机。这时的日本还不具备独立研制先进战斗机的能力，特别是航空发动机技术与美国等发达国家相比存在很大的差距。日本人发展战斗机的计划当然不能瞒着美国人，美国人希望日本能够购买他们研制的 F-16 战斗机。谁都知道，买来的战斗机当然不如自己研制的战斗机使用起来得心应手，日本人希望独立自主研制战斗机，他们实在不想靠购买武器来装备自己的部队，尽管"战隼"是一种很好的战斗机。日美两国僵持不下，只好都作让步，美国同意日本自己研制战斗机，美国公司以技术转让的方式参与研制。美国人提出转让的战斗机技术就是 F-16 战斗机。为了促进本国航空技术的发展，日本也只好作出妥协，再说了，在 F-16 的基础上研发战斗机，可以减少技术风险，缩短研制周期，节约研制经费，何乐而不为呢。1987 年 11 月，日美两国签订协议，研制经费由日本承担，以美国空军的 F-16 为样本，共同研制一种适用于日本国土防空的新型战斗机，日本也相应地向美国转让战斗机研制中发展的先进技术，并且将新战斗机研制计划定名为 FS-X 计划。日本防卫厅选中了日本的三菱重工业公司和美国的洛克希德·马丁公司（原来的通用公司）等几家大型军工厂家联合作为合同承包商，共同开发研制。随后，将新研制的战斗机正式定名为 F-2 战斗机。

由于时间仓促，准备不够充分，F-2 战斗机出师不利，在研制技术、经费等各方面都遇到了很大困难。从 20 世纪 80 年代后期日本航空自卫队的 FS-X 战机计划公布以来，其设计方案多次更改，经费预算不断增加，日本防卫厅最初拨给 F-2 战斗机的研制费用只有 1650 亿日元，但由于技术方面的缺陷使得 F-2 计划严重超支。截至 1995 年，日本防卫厅为研制 F-2 已耗资 3300 亿日元（约 23 亿美元）。而据专家估计，全部完成 F-2 的研制生产过程至少需要耗资将近一万亿日元，是原计划费用的 6 倍。面对这样庞大的经费开支，日本政府曾一度考虑放弃这个耗资庞大的发展计划。

F-2 战斗机的最后定型日期一推再推，直到 1995 年 10 月 7 日，首批 4 架原型样机才开始试飞。1995 年 12 月日本政府最终批准了生产 130 架 F-2 型机的计划，其中包括 83 架单座 F-2A 型机和 47 架双座 F-2B 型机，并准备在 1999 年将其投入现役。由于在试飞期间 F-2 战机的机翼出现断裂事故，日本防卫厅官员不得不将其服役时间推迟到 2000 年，比预期设想晚了一年多。

貌似"战隼"，电子系统胜过 F-16

尽管是按照 F-16C/D 的模子打造自己的战斗机，日本人也不想"照葫芦画瓢"，而是想在新战斗机上使用更多的高新技术。

我们知道，F-16 战斗机因为采用了翼身融合体、放宽静稳定度、电传操纵、高边条翼、空战襟翼、过载座舱等先进技术而成为世界著名的第三代战机之一，它凭借较好的性能和较低的价格深受各国空军的青睐，成为世界上生产量最大的第三代战斗机。在 20 世纪和 21 世纪初的几场局部战争中，F-16 的出色表现也证明了它确实是一种相当成功的优秀战斗机。

日本人在 FS-X 计划开始的时候，就为自己定制了一个目标：虽然 F-2 并不是一种全新研制的战斗机，但是日本人要自己研制的 F-2 战斗机不仅继承 F-16 的优点，而且要对新战斗机进行多项重大技术改进，大量采用当代先进航空技术，让它有一个"脱胎换骨"的改造。也就是说，F-2 的外形不做更大改动，但是它的"五脏六腑"要有一个彻底的改造，成为一种貌似 F-16 但是"本领"超过 F-16 的新型战斗机。

从外形上看，F-2 战斗机采用了先进的复合材料和结构，飞机的机身前部加长，从而能够搭载更多的航空电子设备。机翼采用整体成型的全复合材料机翼，大量采用吸波材料以降低雷达探测信号。如今各国的战斗机

F-2-3

越来越多地采用复合材料,但采用整体成型的全复合材料机翼却是 F-2 的首创。这种整体成型技术就是在自动调温炉内将制造机翼的复合材料的成型和加工一体完成。采用这一新工艺加工的机翼部件光滑无缝,有利于减小气流干扰和阻力,改善飞机的气动性能。F-2 的翼展增加不多,但翼面积比 F-16 增加了 1/4,它的翼根弦长也有所加大,机翼的前缘后掠角和根稍比也随之改变,这样做有利于减轻结构重量,减少加工工序。这项技术的采用表明日本的复合材料及其加工技术处于世界先进水平,成为日本引以自豪的也是美国要求日本转让的先进技术之一。F-2 机翼比 F-16 的机翼大 25%,这样就可以在机翼上设计油箱,增加燃油贮存量,同时也可以挂载更多武器。

F-2 的航空电子设备完全由日本自行研制,主要包括:有源相控阵雷达、综合电子战系统、一体化通信 / 导航 / 识别系统、电传操纵飞行控制系统和彩色液晶显示装置等。日本人宣称其航空电子技术有雄厚的实力,

研制的 F-2 战斗机电子设备的综合水平与美国 F-22 战斗机相当。日本人也许没有夸大自己研制电子设备的水平，因为美国人很欣赏日本人为 F-2 战斗机研制的机载雷达，日本与美国已经签署了向美国空军提供该雷达的合同，这将是日本首次把独自开发的军用设备提供给美国。F-2 战斗机上的相控阵雷达是其中最引人注目的电子系统，F-2 的雷达由三菱电气公司研制，它采用了当今世界上最先进的有源相控阵技术，大约由 800 个 3 瓦发射接收模块组成。这种雷达的特点是每个天线都可单独发射电磁波进行电子扫描，不需要机械转动天线，搜索范围大、处理速度快、可靠性高，最大探测距离 180 千米，可同时跟踪 10 个以上目标。这种雷达对于驱逐舰大小的目标，作用距离为 148 ~ 185 千米。美国的 F-22 战斗机装的也是这类雷达。

独具一格，座舱设计简洁清晰

在座舱设计中，F-2 采用了许多新技术，并安装了全自动驾驶系统。一些国家的战斗机在座舱里采用的是两三个 CRT 多功能显示器，这种显示器原理就像是我们平日看的电视机，由于 CRT 显示器的可靠性并不是很高，所以使用这种显示器一般都要在主仪表板上保留传统的模拟式仪表作备份。而 F-2 飞机采用的是日本岛津公司和横河公司研制的平显仪和大型的 LCD 多功能显示器（液晶显示器），它们安装在座舱的正中间，平显仪在上部，显示器在下部，这样平显仪的支座正好为 LCD 显示器起到了遮光罩的作用，即使是在较强的光线条件下，飞行员也能看清 LCD 显示器上的显示。在平显仪支座下还有两个传统式的多功能显示器。座舱的仪表板上很干净，除这些之外几乎去掉了主仪表板上所有的仪表。这样做是因为 LCD 比 CRT 先进得多，LCD 显示技术的可靠性大为提高，比传统的模拟式仪表超出了好几个数量级，也就没有必要拿可靠性低的仪表为

小小知识岛：世界难题——大飞机怕小鸟吗？

有人会认为，一个是钢铁飞机，一个是血肉小鸟，两者相撞，还不是以卵击石。然而，事实上飞机真怕小鸟。

据权威统计，全世界每年大约发生1万次鸟撞飞机事件。在高速碰撞时，一只小鸟相当于一发炮弹。轻者让飞机不能正常飞行，被迫紧急降落；重者机毁人亡，酿成重大灾难。国际航空联合会已把鸟害升级为"A"类航空灾难。

如何避免飞机与飞鸟相撞？尽管航空界人士绞尽脑汁，但这始终是个世界级难题。

目前，世界各国想出来若干种驱鸟的办法，比如：使用有语音的驱鸟器，这种驱鸟器模仿鸟类天敌的声音，把鸟吓跑；使用煤气炮吓鸟；播放敲锣的声音，把鸟赶跑；设网拦鸟等。但这些都不能从根本上解决鸟类与飞机相撞的问题。

鸟击对飞行器的破坏与撞击的位置有着密切的关系，导致严重破坏的撞击多集中在导航系统和动力系统两部位。飞行器的导航系统包括机载雷达、电子导航设备、通讯设备等，大多位于飞机前部，此外驾驶员面前的风挡玻璃对于引导飞机的起降也起到非常重要的作用；对于螺旋桨飞机，鸟击会导致桨叶变形乃至折断，使得飞机动力下降；对于喷气式飞机，飞鸟常常会被吸入进气口，使涡轮发动机的扇叶变形，或者卡住发动机，导致发动机停机乃至起火。除了导航系统和动力系统，鸟击还会对飞行器的其他部件，如机翼、尾舵、表面喷漆等造成破坏。

可靠性高的显示器作备份，这就是F-2飞机座舱设计的先进之处。还有，F-2的座舱采用了两片式强型风挡玻璃，其抗鸟撞性能比F-16采用的单片式风挡好得多，这是基于日本岛国的特殊环境而采取的一个办法。

F-2战斗机采用了随控布局技术，这使其成为世界上采用该技术最多的战斗机。随控布局技术是指利用飞机上装置的各种飞行状态传感器发出的指令信号去操纵机上设备控制面的偏转，使飞机上总的空气动力重新分布的技术，目的是充分发挥控制系统的全部潜在能力，提高飞机的可操纵性和机动性。日本从20世纪70年代末开始研究随控布局技术，并取得了

小小知识岛：发生鸟撞的原因是什么？

在飞行器方面，高速度使得绝大多数鸟类无法躲避飞行中的飞机；另外喷气式飞机进气口强大的气流常会将飞过的鸟类吸入发动机，造成鸟击事件。

鸟击的破坏主要来自飞行器的速度而非鸟类本身的质量。一些战斗机的速度可以达到数倍音速，根据动量定理，一只 0.45kg 的鸟与时速 80 千米的飞机相撞，会产生 1500N 的力，与时速 960 千米的飞机相撞，会产生 216KN 的力，高速运动使得鸟击的破坏力惊人。

一定的成果。F-2 采用控制增益、放宽静稳定度、机动载荷控超、偏航消除和机动增强等多项随控布局技术。

F-2 的发动机采用通用动力系统公司的 F110-GE-129 型涡轮发动机推动，能够产生更大的推力。根据用途不同，F-2 战斗机有两种型别：单座型（A 型）和双座型（B 型）。

提高隐身能力是现代战斗机的发展方向之一。F-2 也采取了一些隐身措施，主要是在机翼前缘和发动机进气口等反射雷达波的主要部位使用雷达吸波材料。此外，F-2 沿用了 F-16C 的翼身融合体布局，增加了复合材料用量（约占飞机结构质量的 18%），这也有利于提高它的隐身能力。采取这些措施后，F-2 的雷达反射面积从 F-16C 的 $3m^2$ 左右下降到 $1m^2$ 左右。

对空对地，F-2"一心可二用"

评价一种战斗机，它的武器如何是一个很重要的衡量指标。F-2 的火力如何呢？

我们知道 F-16 安装了一门 M61A1 型 20mm 加特林 6 管机炮，射速每分钟 6000 发，备弹量 511 发。F-16 有 9 个外挂点，翼尖 2 个，机身下面 1 个，机翼下面 6 个。F-2 战斗机仍旧保留了 M61A1 型 20mm 机炮，可用于近距离的火力支援。同时在两侧翼下增加 6 个外挂点，机身下还有 1 个，总共 13 个外挂点，在作战中可同时使用 11 个外挂点。F-2 具有携带和使用多种武器装备的能力。如在空对面武器方面，可携带 ASM-1/ASM-2 反舰导弹、340kg 炸弹、CBU-87 集束炸弹以及 RL-4、AU-3A 和 RL-7 火箭发射器，这三种火箭发射器分别可装 4 枚 137mm 火箭、19 枚 70mm 火箭和 7 枚 70mm 火箭。此外，F-2 还可装备两种型号的 CCS-1 光学反舰制导炸弹，其中 I 型重 227kg、H 型重 340kg，这种制导炸弹完全可发射后不管。这些装备使得 F-2 能在远距离精确攻击敌军海上和滩头目标。2 个翼尖挂架还能携带近距红外空空导弹。看来 F-2 的武器系统比 F-16 强。

F-2 既可以进行对空作战，也可以进行对海（地）作战。在对海（地）作战中，可以携带 ASM-1、ASM-2 反舰导弹，CBU-87、340kg 或 227kg 炸弹，可携带 CBU-87 集束炸弹的挂架均可挂火箭发射器。在对空作战中，除了中间 3 个挂架外，其余接点均可携带 AIM-9、AIM-7 或 AAM-4 近、中距空空导弹，也就是说该机最多可带 8 枚空空导弹。中间 3 个挂点可各挂一个 2271L 副油箱，机身挂架可挂一个 1136L 副油箱。可以挂载红外制导的 AAM-3 和多种型别的 AIM-9"响尾蛇"近距导弹、半主动雷达制导的 AIM-7"麻雀"中距导弹以及主动雷达制导的 AAM-4 先进中距导弹。其中 AAM-3 和 AAM-4 为日本研制。AAM-3 是在"响尾蛇"的基础上改进而来，据说它的寻的头视角比 AIM-9L 导弹还要广，敏捷性更高，弹头威力更大，弹体前方 4 片翼鳍根部较细长，很像 4 支有把柄的鳍，确保了高速机动性。AAM-4 与美国的 AIM-120 先进中距导弹相似，由三菱电气公司研制，1995 年 10 月在太平洋一个小岛上进行过地面发射实验，1996 年开始交付日本航空自卫队使用。

F‐2‐17

争议不断，性价比不高问题多多

　　F-2 战斗机从开始研制到现在，一直争议不断。性价比不高是一个突出的问题，据日本有关方面统计，如今每架 F-2 战斗机的造价高达 120 亿日元（约合 1.007 亿美元），这可以说是世界上最昂贵的战斗机。日本航空自卫队曾经对 F-2 进行了一次全面评估，得出的结论是 F-2 战斗机是所有战斗机中性价比最差的。

　　再有一个问题就是 F-2 战斗机的飞行员训练需要更高级的教练机，原来装备的 T-2 教练机已经无法胜任 F-2 的教练飞行，因此航空自卫队需要拿出更多的钱来购买 F-2B 型教练机。面对一亿多美元一架的 F-2，财大气粗的日本防卫厅也皱起了眉头。如果 F-2 可以向外国输出，增加它的产量，那么它的成本就会摊薄，可是第二次世界大战后确立的和平宪法禁止日本向外出口武器。所以曾经一度传出日本防卫厅要停止 F-2 战斗机的采购计划。

　　最近又从日本传来 F-2 的相控阵雷达出了问题。雷达是战斗机的眼睛，眼睛出问题可不是小事。在飞行训练中，飞行员发现有时 F-2 的雷达探测距离急剧缩短；有的飞行员发现目标机已进入视距，眼睛已经可以看到，可是在雷达上仍旧没有显示目标的情况；有时候雷达捕捉到了目标，可是突然又在屏幕上消失了；还有的飞行员发现，有时 F-2 已经捕捉到了目标，正在准备发射导弹时，在跟踪模式下目标从雷达上消失了。

F-2 的问题当然不止这些，随着 F-2 飞行小时的不断增加，新的问题还会出现，F-2 就像一个挥之不去的阴影一直笼罩在日本防卫厅的上空。

不过，对日本防卫厅来说，聊以自慰的是通过 F-2 战斗机的研制，日本较为薄弱的战斗机总体设计和航空发动机等技术已经有明显进步，使日本摆脱了靠美国许可证仿制战斗机的状况。日本通过 F-2 战斗机的研制，学到了美国的一些先进航空技术，大大推动了本国航空技术的发展，为在21 世纪初完全具备独立研制先进战斗机的能力奠定了坚实基础。

"台风"为何卸下航炮安假弹

如果你在英国皇家空军的"台风"战斗机上没有看到航空机炮而是看到一枚铅制的假弹或者水泥的假弹，你一定会感到惊奇：难道最新型的欧洲战斗机也会造假吗？

这样的事情真的会发生。2004年8月18日，英国皇家空军宣布：英国皇家空军即将装备的232架"台风"战斗机上将不安装航空机炮。

前些年曾有一些军事专家分析，如果不在"台风"战斗机上安装航炮，那么政府将至少能节约9000万英镑的开支。英国皇家空军的将军们也认为，现在是航空导弹的时代，战斗机使用航炮并没有太大的实际意义，因此没必要在这方面浪费资金。如果在这个时候英国皇家空军提出不安装航炮的要求还不算迟，可是英国皇家空军做出不安装航炮的决定成了"马后炮"，"台风"战斗机的制造商已经在为他们生产的第一批"台风"战斗机上安好了航炮，如果要拆除这些机关炮，还要另外再掏出一笔经费。英国人当然不愿意另外掏钱，所以在他们订购的首批55架"台风"战斗机上仍将会安装毛瑟BK27型航空机关炮。

不过，在以后为英国皇家空军装备的各批"台风"战斗机上，这门毛瑟机炮将会被一枚重量与其相当的铅制或水泥假弹所代替。也许有人要问：在以后生产的"台风"战斗机上不再安装机炮不就行了吗？为什么还要使用假弹来代替？我们知道，"台风"战斗机在设计之初是有航炮的，战斗机的整体气动布局当然包含航炮。现在把航炮拆除了，战斗机的重量和气动性能都会受到影响。为了不影响战斗机的整体性能，自然要拆掉航炮增加"配重"，使用假弹来代替航炮。

F - 2-17

小小知识岛：战斗机也穿靓丽的"外衣"吗？

一般情况下，战斗机都穿着一身银白色的"外衣"，这是因为银白色很容易与天空融为一体，人们用眼睛不容易发现它。也许你并不知道，在遇到庆典的时候，各国的飞行表演队一般都要穿上"彩色的礼服"，在观众面前一展风姿。

除了这些，战斗机要根据作战地域和季节的变化而穿上不同的迷彩服。比如：在我国南方的夏季和秋季，战斗机的地面伪装色是一种绿色加上黄色的涂装，而在我国西北的沙漠地区，就土黄色为主。经过大量研究，人们发现在高空和海洋上空作战时，作战飞机应该穿上浅灰色的外衣，这种色彩最容易迷惑敌方飞行员的视觉。

上面我们谈到的是战斗机的背部涂装，那么，战斗机的机翼下面和机身腹部穿上什么颜色的"外衣"好呢？战斗机一般都是以蓝天作为背景，所以战斗机的腹部涂上浅蓝色，人们只凭眼睛很难把战斗机和蓝天区别开来。

近几年，还有人给战斗机穿上深色、大小不一、由不规则几何图形组成的迷彩"外衣"。这些不规则的几何图形会把视觉分割，使敌人误认为是别的飞行物，而不会把它当做一架战斗机。

甚至，还有人建议在战斗机的背部再画上一架小型的战斗机图案，或者在战斗机的背部画上一个座舱，这样，敌方的飞行员和侦察机就很难准确判断情况，造成他们的视觉错误。

看来，给战斗机穿上一件什么样的外衣看似简单，细说起来还大有学问呢！

小小知识岛：战斗机为什么使用航空煤油？

喷气式飞机飞行速度快、续航里程远，这就要求燃料有较高的发热值和较大的密度。同时，喷气式飞机的飞行高度在一万米以上，这时高空气温低达 $-55℃$ 以下，这就要求燃料此时不能凝固。

航空煤油密度适宜、热值高、燃烧性能好，能迅速、稳定、连续、完全燃烧且燃烧区域小，积炭量很少，不易结焦；低温流动性好，能满足寒冷低温地区和高空飞行对油品流动性的要求；热安定性和抗氧化安定性好；洁净度高，对机械腐蚀小；不易蒸发、燃点较高。航空煤油能够满足以上这些要求，所以战斗机通常使用航空煤油。

这股"台风"形成的来龙去脉

"台风"战斗机是一股强大的"台风",是一股经过将近 20 年的酝酿而形成的"台风",2003 年 6 月 30 日,"台风"刮进了英国、德国、意大利、西班牙。

"台风"战斗机是英、法、德、意、西于 1983 年达成协议,共同计划发展的一种新型多用途战斗机,并于 1984 年启动飞机可行性研究。后来由于要求不同,法国于 1985 年撤出该项目,转而发展达索飞机公司的"阵风"。1986 年由英、德、意、西四国宇航公司共同组成的欧洲战斗机公司成立。"台风"战斗机首架原型机 1994 年完成首飞,此后项目经历数次重组,包括 1996 年重新调整工作量分配。1997 年四个合作国同意开始首批飞机的制造,1988 年首份研制合同正式签署,欧洲战斗机研制计划正式开始生效。

"台风"战斗机的编号是 EF2000,又叫"欧洲战斗机"。它的前身是 EFA 验证机,主要用于空战任务,具有对地攻击能力。在 EF2000 战斗机计划之前,由多个国家共同研制的战斗机并不多见,因为战斗机的研制和生产是关系到国家安全的大事,这样的合作项目少之又少,因此 EF2000 战斗机的合作研制可谓开创了军事工业领域的一个新局面。这种合作与欧洲政治经济一体化的大背景是很有关系的。

2003 年 6 月 30 日,在英格兰沃顿欧洲战斗机英国总装线举行的"台风"进入英国皇家空军服役的庆祝仪式上,英国皇家空军的一位上将说:"今年是有人驾驶带动力飞行器飞行 100 年纪念,我相信今天将对航空史做出重要贡献。""台风"是欧洲战斗机在英国皇家空军服役及海外销售时所采用的名字。

还是在这一天,德国曼兴欧洲战斗机总装线也同时举行了典礼,四个合作国的国防部官员都出席了典礼。

　　"台风"战斗机首批批量生产飞机交付持续到 2005 年，共计 148
架，其中英国皇家空军 55 架、德国 44 架、意大利 29 架、西班牙 20 架。
2005 年达到全面作战能力，届时第二批 236 架飞机将开始制造。2009 年
开始第三批 236 架飞机的制造。

　　英国计划最终采购 232 架"台风"战斗机，德国、意大利和西班牙各
为 180 架、121 架和 87 架。另外，奥地利决定购买 24 架"台风"替代其
老旧的 Saab-35D"龙"战斗机。奥地利的购机合同是 2000 年希腊选中
"台风"后，欧洲战斗机赢得的首份出口合同。

　　目前，英、德、意、西正在商讨第二批飞机的生产合同，第三批飞机
的合同则要等到 2007 年。

　　"台风"第一批生产型战斗机具有空空作战的基本性能，包括携带先进
中距空空导弹、AIM-9L"响尾蛇"短距空空导弹和欧洲导弹公司制造的
先进短距空空导弹。对地攻击的时候，将可投放"宝石路"激光制导炸弹。

F-2-17

第二批生产型"台风"战斗机将能携带德国研制的短距空空导弹和增强型"宝石路"炸弹，具有更强的协同工作能力。到 2008 年，"台风"战斗机还能携带"流星"超视距空空导弹、"风暴之影"导弹及德国和瑞典萨伯研制的"金牛座"导弹。

"当头炮"会退出空战舞台吗？

英国皇家空军要求"台风"战斗机卸下"当头炮"，从另一个角度折射出目前世界航空武器"重弹轻炮"的一种潮流。

战斗机的机关炮使用起来的确是有许多"劣势"。在现代空战中，战斗机使用航炮要具备这样一些条件：首先是 2 架飞机的距离要近。一般来说，航炮的发射有效距离都在 1000m 之内，两机相距 400 ~ 800m 是最

佳的攻击距离，然而对于现代战斗机来说，1000m 的距离实在太近了。其次是攻击一方的战斗机要占据有利位置才能开炮，这种有利位置一般是指在目标机的后方，要占据这样的位置是非常困难的。还有，如果目标机进行机动飞行，航炮攻击的效果就非常有限。所以，航炮在现代空战中的作用受到了越来越多的质疑。

根据 20 世纪 90 年代的几场空战统计，航炮的使用率远远低于航空导弹的使用率。如果我们看一看空空导弹的攻击距离就会知道，为什么导弹会成为战斗机的"撒手锏"。例如，美军的 AIM-120 先进中距空空导弹攻击距离为 75 千米，在这样的距离上攻击对方飞机就是一场"看不见的攻击"，对手还没有发现你，你就已经向他发起了攻击。一般来说战斗机在进行空战的时候，除了要携带中距空空导弹还要挂载格斗导弹，比如"响尾蛇"空空导弹，如果中距空空导弹没有击中目标，当目标进入 10 千米左右的距离内，格斗导弹就会发挥作用，"响尾蛇"空空导弹的最大射程达到 17 千米，10～14 千米是它最佳的攻击距离。使用导弹远距离进攻可以有效地保护自己，消灭敌人，战斗机的"当头炮"自然要受到冷落。

由此可以预见：航炮将会退出空战舞台，未来的空战将是导弹战。

F－2-17

13

"鱼鹰"飞进美军之谜

蝙蝠是动物界的另类，它非禽非兽。其实飞行器家族中也有"蝙蝠"——V-22"鱼鹰"倾转旋翼飞机。你看它的模样十分独特，既不是直升机也不能算做严格意义上的固定翼飞机，它是飞行器家族中的另类。美军对这个"另类"十分钟爱，2008 年 4 月初传来消息：美国空军和海军陆战队与贝尔／波音公司签订了一笔为期 5 年的合同，要花 104 亿美元订购 167 架 V-22"鱼鹰"倾转旋翼飞机。

V-22 在它诞生的过程中多灾多难，几乎"胎死腹中"，并且多次坠毁，美军中有数十人为它命丧黄泉。可是美军为什么仍旧"执迷不悟"，如此青睐

小小知识岛：无人飞行器和其他飞行器的主要区别

> 无人飞行器不断靠自身的飞机发动机来驱动，它与滑翔机、火箭、炸弹或炮弹不同：第一，无人飞行器是从大气中抽取氧化剂；第二，与弹道导弹或卫星不同的是，无人飞行器能在空中持续飞行以及进行空中机动；第三，与巡航导弹和其他飞行武器不同的是，无人飞行器能执行控制着陆，因此可以再利用。

它？V-22 到底有什么优势？历经十八载，V-22 终于飞进美军，它的"从军"之路布满了谜一样的色彩。现在就让我们走进 V-22 的世界，看一看它的真面目。

谜之一：为何屡摔屡飞？

有人说，在飞行器的试飞史上，V-22 是造成人员伤亡最多的飞机。这话听上去有点过分，不过 V-22 在研制试飞的过程中多次坠毁确实是事实，其中最严重的一次试飞事故造成 19 人死亡。这次事故发生在 2000 年 4 月 9 日上午 11 时，当时美国海军陆战队的一架 MV-22"鱼鹰"式倾转旋翼飞机在亚利桑那州距图桑基地 32 千米处坠毁，机上 19 名人员全部罹难。最让人惊奇的是这次葬身 V-22 机腹的 19 人中有 4 人是美国总统的直升机"海军一号"的机组人员。"海军一号"和"空军一号"都是美国总统的座机，"海军一号"是海军的一架直升机，它经常出没于白宫的南草坪，美国总统在短途飞行时，常常乘坐海军陆战队的直升机，也就是"海军一号"。可是，为什么"海军一号"的机组人员会坐上"鱼鹰"呢？据说，这架 V-22 正在进行疏散人员的演练，看来"海军一号"的机组人员是被当作了疏散人员，从地球上永远地"疏散"走了。2000 年 11 月 11

日，又一架 MV-22 因为液压系统泄漏导致 4 人丧生。

在此之前，V-22 还发生过多次事故：1991 年 6 月，"鱼鹰"在进行处女飞行时，飞机坠毁，没有人员伤亡；此后不久，在一次飞行表演时，一架 V-22 的发动机莫名其妙地起火，机上 7 人当场死亡，这事惊动了当时的美国总统老布什，他下令停止 V-22 的研制。克林顿上台后，又恢复了 V-22 的研制计划。2006 年 7 月 10 日，美国海军陆战队的一架 V-22"鱼鹰"倾转旋翼机在它飞往范堡罗航展的途中，因右侧发动机发生压气机失速故障，被迫在冰岛进行所谓"预防性着陆"。这次故障有惊无险，虽然没有前几次那样严重，但是在美军中仍旧留下了难以磨灭的印象。

倾转旋翼飞机的发展一直不是很顺利，在半个多世纪的时间里，全世界一共研制过 43 种不同型号的倾转旋翼飞机都半途而废，但是美军一直念念不忘这种"蝙蝠"式的飞机。早在 1981 年，美军就提出了"多军种先进垂直起落飞机"计划，要求研制一种各军种都可以使用的能够垂直起降的军用直升机。随后，美国的贝尔公司和波音直升机公司开始了长达近 20 多年的研制生产过程。

1985 年 1 月，V-22 这个飞机编号被正式确定下来，绰号叫"鱼鹰"，美军各个军种根据用途使用不同的编号，美国海军陆战队使用的"鱼鹰"编号为 MV-22；美国海军搜索救援型"鱼鹰"的编号为 HV-22；海军反潜型"鱼鹰"的编号为 SV-22；美国空军使用的"鱼鹰"编号为 CV-22。

能垂直升降的 MV-22B

小小知识岛：美国"空军一号"是什么飞机？

美国的"空军一号"是十分引人注目的总统座机。其实美国有两架飞机被称为"空军一号"，这两架飞机都是美国波音公司生产的新型波音747-200B型客机。美军规定：如果总统不在飞机上，那么这架座机就叫它的代号：SAM-28000，总统一旦登上座机，那么飞机就称为"空军一号"。

美国"空军一号"是从哪一届总统开始的呢？

据说在第二次世界大战期间，有一次美国总统罗斯福要到北非去参加那次世界著名的三巨头会议。为了总统的安全，美国空军临时从泛美航空公司租来一架客机，型号是波音314。从此以后美国便有了"空军一号"，不过再也不去租用客机，而是由美国空军配备专用的飞机。"空军一号"飞机从40年代到90年代几经变化，从肯尼迪到布什都使用由波音707客机改装成的"空军一号"总统座机，克林顿上台以后，"空军一号"换成由波音747飞机改装的座机。

美国总统的"空军一号"新座机真是大得出奇：它的机身比波音707飞机宽两倍，座舱的面积大3倍；飞机的主层舱面积为400m²，这个面积相当于2/3个足球场的面积；它的翼展64.31m，几乎与足球场的宽度一样；机长为70.66m，机高19.33m。如果作为客机使用，它可以载乘592人。它的速度很快，可达900千米/h。它有空中加油设备，可以在空中进行加油，从这个意义上讲，它可以进行环球不间断飞行。

美国"空军一号"座机里还安装了最先进的通讯设备：机内设有小型医院，有手术台、冷库；机上还有一间浴室，总统工作之余可以在这里洗浴。有人计算了一下，"空军一号"里共有19台电视机、11部摄录设备、80部电话。指挥控制设备更是应有尽有。经过改装的这两架"空军一号"，机内呈淡褐色，显得异常豪华。为了与白宫的总统办公室相一致，"空军一号"里的总统办公室也设计成椭圆形的。

日本也有"空军一号"。日本的"空军一号"就是首相专机，主要用于接送天皇、皇后和首相。2006年日本花费63亿日元（约合5470万美元）对专机进行自使用以来的首次全面大修，将其改造成能进行空中危机处理的"实战型"飞机。那么，日本的首相专机是什么样的？有什么功能？这令日本的"空军一号"再次成为人们关注的焦点。

日本有两架政府专机，都是从美国进口的波音747-400，机身长70.70m，宽64.9m，总续航能力达12000千米，堪称"空中的巨无霸"。美国的专机有"空中的白宫"之称，而日本人也把本国的两架专机称为"飞翔的首相官邸"，当天皇乘坐时，它又被称为"御召机"。

从外观上看，日本政府专机的机身为白色，垂直尾翼上印有日本的太阳旗，机首印有"日本·JAPAN"字样。

有人说：V-22"鱼鹰"从设计思路上是一种革命性的变革，它既不是直升机那种旋翼飞机，也不是普通的固定翼飞机。它的旋翼可以偏转，偏转的角度从 0°到 90°。也就是说，当它的旋翼偏转到 90°的时候，它就可以像直升机一样垂直起降了。当它升空之后，旋翼又可以偏转回来，这时的 V-22 又可以像固定翼飞机那样飞行。这样设计的好处是非常明显的：它比直升机飞得快，又可以像直升机一样垂直起降。它的速度可以达到 510 千米/h，航程可以达到 3336 千米，更重要的是，这样的飞机运载能力比直升机大很多，又可以垂直降落。这是一个非常诱人的计划，也是美军梦寐以求的机型，美军当然会不遗余力地"屡摔屡飞"了。在 V-22研制之初，美国海军表示至少需要 50 架搜索救援型和 300 架反潜型的"鱼鹰"，美国海军陆战队表示需要 552 架，美国空军计划购买 50 架远程作战型的 CV-22。意大利的一家公司表示愿意共同合作生产民用型的"鱼鹰"。这是一笔大买卖，两家飞机制造公司争先恐后地开始了研制。遗憾的是，这只"鱼鹰"表现欠佳，还没有开始"捉鱼"就多次折翅沉沙，有点大煞风景。不过这并没有摔掉美军对"鱼鹰"的钟情。

谜之二：起死回生为哪般？

尽管美军对这个怪模怪样的飞机钟爱有加，但美国国会和国防部对这种独一无二的飞行器态度依然极为冷淡。"鱼鹰"是在 1985 年才正式得到这个命名的，当时的美国贝尔公司和波音公司联合组成了研制小组，着手研制"鱼鹰"的全尺寸发展计划。经过几年的努力，1989 年 3 月"鱼鹰"首次飞上了蓝天。就在这个时候，美国国防部宣布：停止"鱼鹰"的发展计划。原因有两个，一是这种崭新概念的倾转旋翼飞机的技术风险太大，二是每架飞机的价格太贵，当时研制公司提出的单价为 3000 万美元，而目前美国空军 CV-22 小批量生产型的单价已升至 7440 万美元，美国海军

MV-22 试生产型的造价则高达 9440 万美元。据统计，从 20 世纪开始研制的 XV-3、XV-15 到 20 世纪 80 年代开始研制的 V-22，贝尔直升机公司、波音直升机公司和美国军方已累计为这种特殊的飞行器投入了 1600 亿美元的巨额研制费。美国国会在 1990 财年和 1991 财年停止为该机研制计划拨款，这无异于要给一个嗷嗷待哺的婴儿断奶，没有国防部的支持，"鱼鹰"面临下马的命运。

美国国防部给"鱼鹰"断奶不是没有道理。从技术上来说，倾转旋翼飞机的发展已经经过了 3 个发展阶段，历时 50 多年，至今还不是很成熟。美国从 20 世纪 40 年代就开始进入了研制倾转旋翼飞机的阶段，当时研制的倾转旋翼飞行器编号为 XV-3，20 世纪 50 年代初进入试飞阶段，后来由于技术不成熟，停止了发展计划。20 世纪 60 年代又开始了新一代倾转旋翼飞机的研制，当时研制的试验机编号为 XV-15，经过几年的研制，XV-15 在各个方面都达到了军方的技术要求。20 世纪 80 年代初，XV-15 首先在巴黎航展上公开亮相，一时间轰动了整个巴黎航展，有人惊呼：世界航空史上又多了一种全新概念的飞机。许多国家对这种飞机产生了兴趣。美国军方也立即宣布了"多军种先进垂直起落飞机计划"，也称为 JVX 计划。这个计划规定：垂直起落运输机要能够满足美军的陆、海、空和海军陆战队 4 个军种的需要。

受到美军 JVX 计划的鼓舞，美国的贝尔公司和波音公司开始了漫长的研制过程。可是过了不久，美国陆军就宣布退出这个计划，也就是说陆军不再对研制的飞机提出要求，当然也不会购买这种飞机。

随后，美国国防部宣布停止对这个计划的全部投资。眼看"鱼鹰"就要胎死腹中。就在这个时候，一件意想不到的事情发生了：美军在 1989 年进行了一次"流产"的营救行动，参加营救任务的一架运输机被对方击落。美国军方认为，执行营救任务需要一种机动灵活、飞行速度快又不依赖机场的运输机，而"鱼鹰"正好满足了军方的这个要求。1993 年，美国国防部决定为"鱼鹰"计划全面投资，"鱼鹰"开始了第三个阶段的发展。

虽然"鱼鹰"又起死回生，但是美军的采购数量已经大打折扣，按最初计划，美国国防部应采购913架四种型号V-22"鱼鹰"倾斜旋翼机（包括海军陆战队使用的MV-22、海军使用的HV-22、空军的CV-22及反潜型SV-22A）。但由于美国防部对研制计划消极抵触，结果研制反潜型的SV-22A计划全部被取消，整个采购数量减少到657架。根据计划，制造商从1998年6月开始生产5架V-22"鱼鹰"，于1999年交付美海军陆战队使用。2000—2002年，分三批再向海军陆战队交付20架，预计美国防部将采购共523架：其中海军陆战队采购425架MV-22作为运输和机降飞机，全部取代海军陆战队使用的CH-46和CH-53直升机；海军采购48架HV-22，作为航母和大型作战舰只使用的搜索救援机、电子干扰机；空军采购50架CV-22作为特种作战飞机，以取代AC-130H和MC-130E/H型特种飞机以及MH-53J直升机。

V-22研制发展进程尽管缓慢，但是曙光乍现，这对曾经退出V-22计划的美国陆军又有了触动，美国陆军提出要"重返"V-22计划，不过他

MV-22B 鱼鹰

们不是简单的"重返"，而是提出了自己的新要求。美国贝尔公司和美国陆军几乎同时宣布，一种能够满足陆军需要的特大型宽机身4旋翼倾转旋翼飞机也要上马，更让人关注的是，美国陆军要求V-22是一种可以"停止/折叠桨叶"的倾转旋翼飞机，也就是说美国陆军使用的V-22可以在飞行中将倾转旋翼的桨叶折叠起来，停止使用旋翼，采用其他动力飞行，这样就可以大幅提高飞行速度。这样，美军4个军种都有了倾转旋翼飞机。

2个旋翼的飞机已经事故频出，4个旋翼的倾转旋翼飞机的技术风险更大。军方透露，这种4个旋翼的倾转旋翼飞机将会大量"克隆""鱼鹰"

小小知识岛：为什么运输机也要安装武器？

1989年12月20日，美军特种部队入侵巴拿马。巴拿马国防军的官兵们看见美军飞来一架运输机，并不在意，因为运输机上通常没有重武器。巴拿马国防军胡乱地向空中开枪。哪知，美军AC-130E却用机上的机关炮和机枪向地面的巴拿马国防军扫射，巴拿马部队没有想到美军运输机会有这样强的火力，一时间被打蒙了。守卫机场的高炮部队向AC-130E开火，可是飞机的高度太低，没有击中目标。AC-130E发现高炮阵地后，向阵地投掷了激光制导炸弹，高炮阵地立刻浓烟四起。在这次袭击中，AC-130E特种作战运输机完成了压制机场中巴拿马国防军的任务，并且为夺取该机场任务的特种部队提供火力支援。

听了这个故事，你就会明白运输机安装武器的好处了：运输机飞行速度相对要慢，对地面攻击就更加出其不意，也更准确有力。在这次行动后，AC-130E又经过改进，编号为AC-130H。它与C-130的区别为：在左侧机身上有高高隆起的天线整流罩、气流挡气罩、炮管以及相应的辅助舱口和炮眼，在机翼下的挂架上还有电子对抗吊舱。AC-130H的武器很强，它就像一个武器发射平台：两门20mm"火神"6管炮，一门40mm火炮（备弹256发），一门105mm人工装填榴弹炮（备弹100发），机上还安装了两挺7.62mm机枪和激光制导炸弹。因此它的绰号叫"幽灵"，还有人叫它"武装飞船"。

的现成系统和技术，是在现有"鱼鹰"基础上改进设计的，甚至就是"鱼鹰"的放大型。说到容易做到难，新型的"鱼鹰"当然不会是简单的"克隆"V-22"鱼鹰"，因为这种新型的"鱼鹰"要能够承担运输轻型装甲车、"阿帕奇"武装直升机、多管火箭炮这样的较大型武器装备，要有推力更大的发动机、更完备的电子设备，外形也要有所变化。美国陆军还宣布，新型的"鱼鹰"可以进行空中加油，转场的航程要达到 3700 千米，机上可以运载 90 名全副武装的士兵。这真是一个雄心勃勃的计划，如果这个计划得以实现，那么美军就多了一种"可迅速将美军士兵运送到世界任何热点地区的飞行器"，将具有真正的"全球自部署能力"。

谜之三："鱼鹰"有什么撒手锏？

有人分析说：V-22 之所以能够"起死回生"而且"屡摔屡飞"坚持至今，主要是因为这种飞机有强大的撒手锏：V-22 是一种安装了武器的新型倾转旋翼飞机。

V-22 撒手锏厉害吗？

应该说 V-22 的机载武器系统是一种可以"自定义"的武器，也就是说可根据执行任务的性质进行选择。比如在执行一般任务时，可在货舱内安装若干挺 7.62mm 或 12.7mm 机枪，在机身的头部下方安装旋转式炮架。V-22 的机身两侧可以安装鱼雷和导弹挂架，在执行不同任务时，可以选择不同的武器挂载。V-22 的武器系统由通用动力武器系统公司承担开发和设计任务。波音公司已经为 3 套 V-22 炮塔系统的工程设计、开发、制造和测试支付了 4500 万美元。通用动力公司为 V-22"鱼鹰"飞机开发的炮架系统包括 1 门 12.7mm 加特林机枪、1 个轻型炮塔与 1 个线形复合弹舱和供弹系统。这种炮塔位于机头正下方，能左右各旋转 75°、上仰 20°、下俯 70°，供弹系统则位于驾驶舱下方。这个系统可以为

侧转旋翼 MV-22B

V-22"鱼鹰"飞机提供压制火力，提高战机生存能力。但美国海军对通用动力公司提供的武器系统并不满意，为了适应海军的作战需求，美国海军航空系统司令部曾经招标研制一种新型 12.7mm 机枪，用于 V-22 和其他海军飞机。美国海军对这个武器系统的要求是：安装有 12.7mm 机枪的枢轴，机枪安全性好，采用开闩待击以防止枪弹自燃；射击速度快，射速超过 1000 发 /min；枪管寿命为 10000 发；40000 发子弹之内无须送往武器维修基地进行保养；配有容量分别为 100、300 和 600 发子弹的弹箱；通用性要好，可以发射北约所有的制式 12.7mm 枪弹，包括脱壳弹药。V-22 的武器系统最终能否达到这样的要求，还有待于进一步观察。

应该说，V-22 还有很多谜一样的问题有待解开，让我们共同关注这个谜一样的"蝙蝠"吧！

小小知识岛：V-22 的基本数据

旋翼直径：11.58m
翼展：15.52m
机长：19.09m
机高：6.90m
海平面巡航速度：
采用直升机方式飞行 185km/h
采用固定翼方式飞行 509km/h
实用升限：7925m
起飞滑跑距离：152m

航程：
满载、垂直起降 2225km
满载、短距起降 3336km
空重：14463kg
正常起飞重量：
垂直起降 21545kg
短距起降 24947kg
最大起飞重量：短距起降 27442kg

我爱蓝天，更爱金秋十月北京的蓝天。

京城十月的蓝天，没有一丝白云，湛蓝湛蓝，就像有一块巨大的蓝宝石镶嵌在天幕之上，惹得你忍不住想上天去摸一摸那蓝蓝的天幕。

我甚至想，如果有工具，我真要将那巨大的蓝宝石锯下一方，用四根支柱支撑在京城的上方，让北京的天永远是那么蓝那么蓝。

人们对蓝天的种种遐想，也许隐含人类最古老的梦想。

在人类的蓝天梦中，最具特色、最奇妙无比的想象要数中国人的梦了。尽管中国人至今还没有登上月球，但是嫦娥奔月的传说已经流传了几千年。这个传说大概可以算作人类有文字记载的最远古的蓝天之梦了。你看，一个美貌绝伦的女子，因为偷食了一种不死之药，便飘飘飞去，直奔月宫。这种上天的办法，用不着任何乘载工具，实在是太简单、太方便、太随心所欲了。

即使使用工具，中国人的飞天想象也是最省力、最简便、最奇特的，只需就地取材，有云有雾便可。孙悟空腾云驾雾，冲上凌霄宝殿，把天空闹了个底朝天，便是一个好例证。

外国人上天的办法要复杂得多、麻烦得多。法国人的办法是坐进一枚炮弹中，让炮弹把人射上月球。阿拉伯人的上天工具是一块毯子，人坐在毯子上，让毯子飞起来，把人送上天空。平心而论，无论是坐在炮弹里还是坐在毯子上，总要比腾云驾雾实际得多。

人类真正飞上蓝天，是从两个美国人开始的，他们俩在美国俄亥俄州的德顿城开了一个自行车店。这就是莱特兄弟，航空史上把他们看成是第一架飞机的发明人。

其实，他们的发明是在许许多多人失败的基础上诞生的，他们是踩在许多"巨人的肩膀"上飞上蓝天的。有一个叫李林塔尔的德国人，就是那许许多多巨人中的一个，他在莱特兄弟之前就开始研究上天的办法了。我敢说，李林塔尔一定经常仰望蓝天，充满对蓝天的遐想。

1891年，在德国的一间小屋里，李林塔尔手握一支鹅毛笔，坐在一张大桌前，上衣的口领高高地竖在脖子周围，正伏案设计着自己的梦想。

当李林塔尔把自己的梦想变成现实的时候，人们看到了一架样子奇怪的滑翔机。这架滑翔机长着四片"翅膀"，犹如四片巨大的蝴蝶翅分上下两层排在机身上。所谓的机身，也只不过是横七竖八的几根支架连接在一起，尾翼也不是现在飞机上那种，而是像有一只大风筝用一根支棒联结在滑翔机上。

驾驶这架滑翔机，犹如我国传统的划旱船：人的臀部和腿部悬挂在滑翔机的下面，用两臂将身体支撑在滑翔机内。

滑翔机的起飞是建立在李林塔尔奔跑的基础上，他的双脚踩在山坡上，身体挂在滑翔机里。这可真是名副其实的脚踏实地，李林塔尔的双脚顺着山坡向下奔跑，很快，滑翔机有了升力，李林塔尔的双脚离开了地面，100m、200m……滑翔机越飞越远。

李林塔尔的朋友们聚集在山坡下，兴致勃勃地观看着他的飞行。这一天的天气格外晴朗，就像金秋十月北京上空美丽的蓝天。

大自然有时候往往喜欢与人们开个玩笑。不过，大自然与李林塔尔开的玩笑实在太大了：美丽、晴朗的天空突然刮起了一阵狂风。说是狂风，其实风力并不大，用现在的标准来衡量，这阵风也仅仅能吹倒停在路旁的一辆自行车。然而，对于一架 100 多年前的滑翔机来说，这阵风刮得足够大了。李林塔尔的滑翔机就像一叶小舟遇上了惊涛骇浪，在空中剧烈地摆动。李林塔尔使出了浑身解数，拼命稳住滑翔机。

"快下来，太危险！"人们大声朝他呼喊。

现在已经无法证实李林塔尔是否听到了人们对他的呼喊，单凭滑翔机滑翔的高度来分析，他应该听到了这喊声。可是他并没有让滑翔机降落下来，他要抓住机会让滑翔机滑翔得更远、更远。因为他知道，有时候风对滑翔机来说是必不可少的。

又一阵狂风刮来，李林塔尔的滑翔机再也无法正常操纵了，它像一辆被狂风吹倒的自行车，坠落在山脚下。人们惊呆了，朋友们把满身鲜血、昏迷不醒的李林塔尔送到附近的诊所。第二天，这位航空界的先驱永远地闭上了眼睛。

人类的蓝天梦是在许许多多次的失败中实现的，李林塔尔的牺牲只是这许多失败中的一次。在此之前，为了人类的蓝天梦，英国的一个叫皮埃奇的年轻人，在 1899 年 10 月 2 日试飞自己设计的滑翔机时也不幸坠落下来，机毁人亡。在莱特兄弟之前，还有美国的蓝利和马克西姆、法国人阿代尔、英国的凯利和亨森，他们都有过蓝天梦，都设计并驾驶过滑翔机，尽管他们并没有像李林塔尔那样满身鲜血昏迷不醒，但他们也都以失败而告终。

莱特兄弟是在这些先驱者们的坠落中起飞的！

二

每当我看见在蓝天翱翔的飞机，便会想：当李林塔尔和莱特们冒着生命危险研制飞行器的时候，我们的祖先们在做些什么呢？

翻开历史，我看到江苏巡抚李鸿章正向我走来。在他的身后，走着一群辫子兵，每人手中都握着一支鸟枪。这支队伍可以说是当时大清政府的精锐之师了。然而，鸟枪终究敌不过洋枪，李鸿章"见西洋火器之精，乃弃习用之抬枪、鸟枪，而改为洋枪队"。随后，清政府在上海、天津、江宁、广东、四川等许多省地广设机器制造局，引进外国设备，自己生产枪、炮、弹、药等。当时的机器制造局很快就能生产毛瑟、马梯尼、士乃得、云者士得四种枪弹。引进设备，制造洋枪洋炮，这在当时来说，多少有了点开放的味道。如果我们期望清政府在制造洋枪洋炮的同时，让机器制造局也开始生产滑翔机或飞机，那就是一种非分之想了。

其实，无论是滑翔机还是飞机，都诞生在民间。当莱特兄弟的第一架飞机飞上天之后，并没有引起美国政府的重视，莱特兄弟大声疾呼："飞行器的时代终于来到了！"美国政府听到了莱特兄弟来自民间的声音，但是政府官员们无动于衷，他们能够送给莱特兄弟的只是一句冷冷的话：如果飞行器不能携带一名人员平稳飞行，当局是不会采取任何行动的。除了美国政府之外，还有一个国家的政府也听到了莱特兄弟的呼喊，这就是英国政府。莱特兄弟向英国政府保证：我们的飞行器可以按照英国政府提出的条件飞行。同时，莱特兄弟也向英国政府提出了条件：英国必须购买我们的飞行器。英国政府的官员们摆出了一副绅士派头说：英国政府没有购买的责任。莱特兄弟的起飞实在是举步维艰，没有政府的支持，也就无法得到雄厚的资金；没有雄厚的资金，就无法对飞机进行大规模的改进。

几乎就在莱特兄弟研制飞机的同时，清政府收到了一个中国人成功研制飞艇的报告。这个只有27岁的年轻人满怀欣喜地告诉清政府，他成功设计了一个飞艇，取名为"中国"号，它的性能绝不比洋人的差。从外观上看，它比洋人的飞艇更显轻巧，巨大的气囊呈流线型，气囊下悬有艇身，艇身用铝制造，整个飞艇靠电动机带动螺旋桨推进。最引人注目的是气囊上有几个醒目的英文字母：CHINA。这个名叫谢缵泰的小伙子说：愿把这个飞艇献给清政府。可是，清政府并没有理睬这个血气方刚的年轻人。无奈，小伙子仰望蓝天发出一声长叹。随后他将图纸和说明书寄到了英国的一个飞艇研究机构。

有些科学技术的发明创造可以在民间诞生、发展并壮大，而飞机的发展与壮大无论如何是少不了官方的支持的。因此，比较起来，冯如要比谢缵泰幸运得多。

1910年3月，莱特兄弟在美国洛杉矶进行飞行表演，冯如得到消息，昼夜兼程赶往洛杉矶。哪知，莱特兄弟对这次飞行表演严加保密，限定参观者必须远离飞机，不得在近处观看。尽管如此，莱特兄弟的飞行表演对冯如还是有不少启发，没过多久，冯如便制造出了一架在当时看来已经很先进的飞机。冯如的飞机制造是在美国的旧金山完成的。美国人十分钦佩冯如，想请他长期留在美国传授技术，但冯如执意要把自己掌握的知识和技术带回祖国。

1911年2月，冯如带着他的一班人马和两架自制的飞机回到了广州。有人将冯如的成绩禀报了清政府，然而，宣统皇帝对航空并不感兴趣。1912年，冯如呈请广州革命军政府批准在广州郊区燕塘操场作飞行表演。为唤起人们对航空事业的重视，在表演前，冯如向参观者详细介绍了飞机的性能和在国防、交通上的作用，然后，他驾机由燕塘操场起飞，凌空而过，飞机在40多米高的空中飞行。操场四周人山人海，掌声不绝。冯如驾驶飞机在空中灵活自如地旋转。当飞机飞行了一圈后，他移动操纵杆继续爬升，不料用力过猛，飞机失控坠落，冯如的头、胸、大腿均受重伤。红十字会立即进行抢救，但因药品不足，这天又适逢星期日，军医外出，冯如终因治疗不及时与世长辞，时年29岁。他在弥留之际，还嘱咐助手："我死后你们不要因此而丧失进取的信心，要知道牺牲是难免的，这是飞行中必需的阶段。"

1912年9月24日，在冯如坠机牺牲的地方召开了追悼大会，群众送挽联极多。临时大总统孙中山命令：按照少将阵亡的待遇给予抚恤，并将他的事迹存放国史馆。今天，如果我们来到广州黄花岗，就会看到冯如的墓，墓碑上刻着"中国创始飞行大家冯如君之墓"一行大字。

后辈应该永远记住：冯如是中国第一个为飞行事业献身的人。

以上这些话写在书后，记录了一个在中国空军服役多年的退休老兵对蓝天的遐想和眷恋，以为"后记"。

焦国力

2016 年 1 月

焦国力演讲题目

1. 航空母舰探秘：建航空母舰难在哪里

2. 我国军用飞机探秘

3. 世界各国军用飞机揭秘

4. 世界尖端武器探秘

5. 低碳经济与现代战争

6. 现代战争与自然环境

7. 趣谈航空知识

8. 新媒体改变我们的生活